영재학급, 영 ⋯⋯⋯⋯⋯⋯⋯⋯⋯ 위한

창의사고력
초등 수학
팩토

Lv.4

기본 B

이 책의 구성과 특징

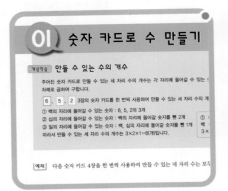

개념학습

'창의사고력 수학' 여기서부터 출발!!

다양한 예와 그림으로 알기 쉽게 설명해 주는 개념학습 , 개념을 바탕으로 풀 수 있는 핵심 예제 가 소개됩니다.

생각의 방향을 잡아 주는 강의노트 를 따라가다 보면 어느새 원리가 머리에 쏙쏙!

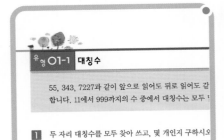

유형탐구

창의사고력 주요 테마의 각 주제별 대표유형을 소개합니다.

한발 한발 차근차근 단계를 밟아가다 보면 문제해결의 실마리를 찾을 수 있습니다.

확인문제

개념학습과 유형탐구에서 익힌 원리를 적용하여 새로운 문제를 해결해가는 확인문제입니다.

핵심을 콕콕 집어 주는 친절한 Key Point를 이용하여 문제를 해결하고 나면 사고력이 어느새 성큼! 실력이 쑥!

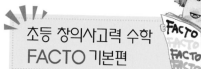 

초등 창의사고력 수학
FACTO 기본편

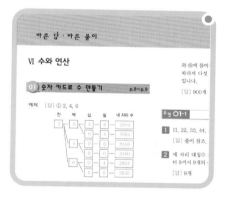

창의사고력 다지기

앞에서 익힌 탄탄한 기본 실력을 바탕으로
창의력 · 사고력을 마음껏 발휘해 보세요.
창의적인 생각이 논리적인 문제해결 능력으로
완성됩니다.

바른 답 · 바른 풀이

바른 답 · 바른 풀이와 함께
문제를 쉽게 접근할 수 있는 방법이 상세하게
제시되어 있습니다.

이 책의 차례

머리말

서로 다른 펜토미노 조각 퍼즐을 맞추어 직사각형 모양을 만들어 본 경험이 있는지요?

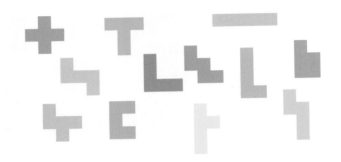

한참을 고민하여 스스로 완성한 후 느끼는 행복은 꼭 말로 표현하지 않아도 알겠지요. 퍼즐 놀이를 했을 뿐인데, 여러분은 펜토미노 12조각을 어느 사이에 모두 외워버리게 된답니다. 또 보도블록을 보면서 조각 맞추기를 하고, 화장실 바닥과 벽면의 조각들을 보면서 멋진 퍼즐을 스스로 만들기도 한답니다.

이 과정에서 공간에 대한 감각과 또 다른 퍼즐 문제, 도형 맞추기, 도형 나누기에 대한 자신감도 생기게 되지요. 완성했다는 행복감보다 더 큰 자신감과 수학에 대한 흥미가 생기게 되는 것입니다.

팩토가 만드는 창의사고력 수학은 바로 이런 것입니다.

수학 문제를 한 문제 풀었을 뿐인데, 그 결과는 기대 이상으로 여러분을 행복하게 해줍니다. 학교에서도 친구들과 다른 멋진 방법으로 문제를 해결할 수 있고, 중학생이 되어서는 더 큰 꿈을 이루는 밑거름이 되어 줄 것입니다.

물론 고민하고, 시행착오를 반복하는 것은 퍼즐을 맞추는 것과 같이 여러분들의 몫입니다. 팩토는 여러분에게 생각할 수 있는 기회를 주고, 그 과정에서 포기하지 않도록 여러분들을 도와주는 친구일 뿐입니다. 자 그럼 시작해 볼까요?

팩토와 함께 초등학교에서 배우는 기본을 바탕으로 창의사고력 10개 테마의 180주제를 모두 여러분의 것으로 만들어 보세요.

VI 수와 연산

01 숫자 카드로 수 만들기

개념학습 만들 수 있는 수의 개수

주어진 숫자 카드로 만들 수 있는 세 자리 수의 개수는 각 자리에 들어갈 수 있는 숫자의 개수를 차례로 곱하여 구합니다.

$\boxed{6}$, $\boxed{5}$, $\boxed{2}$ 3장의 숫자 카드를 한 번씩 사용하여 만들 수 있는 세 자리 수의 개수를 구하면

① 백의 자리에 들어갈 수 있는 숫자: 6, 5, 2의 3개
② 십의 자리에 들어갈 수 있는 숫자: 백의 자리에 들어갈 숫자를 뺀 2개
③ 일의 자리에 들어갈 수 있는 숫자: 백, 십의 자리에 들어갈 숫자를 뺀 1개
따라서 만들 수 있는 세 자리 수의 개수는 3×2×1=6(개)입니다.

> ① ② ③
> 백 십 일
> 3×2×1=6(개)

예제 다음 숫자 카드 4장을 한 번씩 사용하여 만들 수 있는 네 자리 수는 모두 몇 개입니까?

$\boxed{0}$ $\boxed{2}$ $\boxed{4}$ $\boxed{6}$

강의노트

① 천의 자리에 올 수 있는 숫자는 $\boxed{}$, $\boxed{}$, $\boxed{}$ 세 개이므로 이 숫자를 각각 천의 자리에 넣고,

이때 만들 수 있는 네 자리 수를 나뭇가지 그림으로 나타내면 다음과 같습니다.

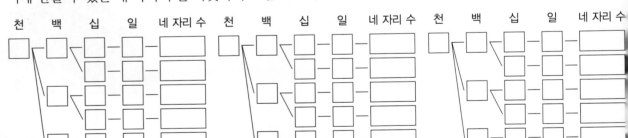

② 이를 곱셈식으로 풀어 보면 다음과 같습니다.

천 백 십 일
$$3 \times \boxed{} \times \boxed{} \times \boxed{} = \boxed{} \text{(개)}$$

개념학습 **팔린드롬(Palindrome)의 수**

다음과 같이 앞으로 읽어도 뒤로 읽어도 똑같은 단어나 문장을 팔린드롬이라고 합니다.

> 기러기
> 아 좋다 좋아.
> 다시 합창합시다.
> 여보게 저기 저게 보여.
> Tie it!
> level
> Go, dog!
> Was it a cat I saw?

1234321과 같이 앞으로 읽어도 뒤로 읽어도 같은 수를 팔린드롬의 수라고 하는데, 대칭수, 거울수 등의 여러 가지 이름으로 불립니다.

예제 1881과 같이 앞으로 읽어도 뒤로 읽어도 같은 수가 되는 수를 대칭수라고 합니다. 네 자리 수 중에서 대칭수는 모두 몇 개입니까?

강의노트

① 네 자리 수 중 대칭수의 뒤의 두 자리 수는 앞의 두 숫자의 순서만 바뀐 것이므로
$\boxed{㉮}\ \boxed{㉯}\ \|\ \boxed{㉯}\ \boxed{}$ 로 나타낼 수 있습니다.

② 네 자리 수의 맨 앞자리에는 $\boxed{}$이 올 수 없으므로 ㉮에 들어갈 수 있는 숫자는 $\boxed{}$개이고,
㉯에 들어갈 수 있는 숫자는 $\boxed{}$개입니다.

③ 따라서 네 자리 수 중에서 대칭수는 $\boxed{}\times\boxed{}=\boxed{}$(개)입니다.

유제 다섯 자리 수 중에서 대칭수는 모두 몇 개 있습니까?

55, 343, 7227과 같이 앞으로 읽어도 뒤로 읽어도 같은 수가 되는 수를 대칭수라고 합니다. 11에서 999까지의 수 중에서 대칭수는 모두 몇 개입니까?

1 두 자리 대칭수를 모두 찾아 쓰고, 몇 개인지 구하시오.

2 세 자리 대칭수는 백의 자리 숫자와 일의 자리 숫자가 같습니다. 백의 자리에 들어갈 수 있는 숫자는 모두 몇 개입니까?

3 세 자리 대칭수에서 십의 자리에 들어갈 수 있는 숫자는 모두 몇 개입니까?

4 만들 수 있는 세 자리 대칭수는 모두 몇 개입니까?

5 11에서 999까지의 수 중에서 대칭수는 모두 몇 개입니까?

1 44, 121, 8558과 같이 앞으로 읽어도 뒤로 읽어도 같은 수를 대칭수라고 합니다. 달력에 있는 날짜를 다음과 같이 나타내기로 약속한다면, 1월과 12월 달력에서 대칭수가 되는 날은 각각 며칠씩 있습니까?

> 6월 5일 → 65, 6월 23일 → 623

○ **Key Point**

1월 달력에서 약속대로 나타낸 수는 두 자리 수 또는 세 자리 수입니다.

2 4개의 숫자로 시각을 표시하는 전자시계에서 |보기|와 같이 앞에서 읽어도 뒤에서 읽어도 같은 시각은 오전 9시부터 오후 6시까지 모두 몇 번 나타나는지 구하시오.

> 보기
> 10 : 01 ➡ 1001

전자시계는 4개의 숫자로 시각을 나타내므로 오전 9시는 09, 오후 1시는 01로 표시됩니다.

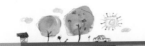

각 자리 숫자가 점점 커지는 수

100에서 200까지의 수 중에서 일의 자리 숫자가 십의 자리 숫자보다 크고, 십의 자리 숫자가 백의 자리 숫자보다 큰 수는 모두 몇 개인지 구하시오.

1 100에서 200까지의 수 중에서 조건에 맞지 않는 200을 제외하면 백의 자리 숫자는 모두 1입니다. 이때, 십의 자리 숫자가 될 수 있는 숫자를 모두 구하시오.

2 백의 자리 숫자가 1, 십의 자리 숫자가 2일 때, 일의 자리 숫자가 될 수 있는 숫자는 모두 몇 개인지 구하시오.

백	십	일
1	2	

3 백의 자리 숫자가 1, 십의 자리 숫자가 3일 때, 일의 자리 숫자가 될 수 있는 숫자는 모두 몇 개인지 구하시오.

백	십	일
1	3	

4 위와 같은 방법으로 십의 자리와 일의 자리에 알맞은 숫자를 넣어 조건에 맞는 수는 모두 몇 개인지 구하시오.

○ Key Point

1 다음과 같이 일의 자리 숫자보다 십의 자리 숫자가 더 크고, 십의 자리 숫자보다 백의 자리 숫자가 더 큰 세 자리 수는 모두 몇 개입니까?

백의 자리 숫자가 2에서 9까지인 경우로 나누어 생각해 봅니다.

763   321   975   641

2 1월에서 12월까지의 모든 날짜를 다음과 같이 네 자리 수로 나타낼 때, 나타낸 수의 각 자리 숫자가 오른쪽으로 갈수록 점점 커지는 수는 모두 몇 개입니까?

네 자리 수 중 '일'을 나타내는 뒤의 두 자리 수가 가장 큰 경우는 29 입니다.

1월 7일
0107

10월 29일
1029

1 다음 5장의 숫자 카드를 한 번씩 사용하여 다섯 자리 수를 만들 때, 만들 수 있는 수 중에서 둘째 번으로 큰 수와 셋째 번으로 작은 수의 차를 구하시오.

| 7 | 0 | 3 | 9 | 6 |

2 대칭수는 404, 2112와 같이 앞으로 읽어도 뒤로 읽어도 같은 수를 말합니다. 대칭수가 아닌 수는 |보기|와 같이 그 수를 거꾸로 읽은 수와 더하여 대칭수를 만들 수 있는데, 241과 같이 한 번의 계산으로 대칭수가 되는 수를 1단계 대칭수, 461과 같이 3번의 계산으로 대칭수가 되는 수를 3단계 대칭수라고 합니다. 이와 같은 방법으로 계산하였을 때, 주어진 수는 각각 몇 단계 대칭수인지 구하시오.

> 보기
>
> $241 \Rightarrow 241+142=383$
> 　　　1단계
>
> $461 \Rightarrow 461+164=625 \Rightarrow 625+526=1151 \Rightarrow 1151+1511=2662$
> 　　　1단계　　　　　　　2단계　　　　　　　　3단계

(1) $378 \rightarrow \boxed{}$ 단계 대칭수

(2) $831 \rightarrow \boxed{}$ 단계 대칭수

(3) $264 \rightarrow \boxed{}$ 단계 대칭수

3 주어진 5장의 숫자 카드 중에서 3장을 뽑아 한 번씩 사용하여 세 자리 수를 만들었습니다. 만든 세 자리 수 중에서 홀수는 모두 몇 개입니까?

$$5 \quad 2 \quad 6 \quad 9 \quad 8$$

4 다음과 같이 세 자리 수를 읽을 때, 111(백십일)과 같이 세 글자로 발음되는 수는 모두 몇 개입니까?

| 997(구백구십칠) | 111(백십일) | 105(백오) | 189(백팔십구) |

02 묶어서 더하기

개념학습 **연속하는 수의 합**

일정한 간격으로 늘어나는 연속수의 합은 다음과 같은 방법으로 간단히 구할 수 있습니다.

$$1+2+3+4+5+6+7+8+9+\cdots = \{(처음 수)+(끝수)\}\times(수의 개수)\div2$$

1에서 9까지의 연속하는 수의 합을 구해 봅시다.

$$
\begin{array}{r}
1+\ 2+\ 3+\ 4+\ 5+\ 6+\ 7+\ 8+\ 9=\star \\
+)\ 9+\ 8+\ 7+\ 6+\ 5+\ 4+\ 3+\ 2+\ 1=\star \\
\hline
10+10+10+10+10+10+10+10+10=\star+\star
\end{array}
$$

9개

$$\star+\star=10\times9=90, \quad \star=90\div2=45$$

하나의 식으로 정리해 보면 $1+2+3+\cdots+9=(1+9)\times9\div2=45$입니다.
이 방법은 수학자 가우스가 처음 발견하여 가우스 계산법이라고 합니다.

예제 1에서 99까지의 연속하는 수의 합을 구하시오.

$$1+2+3+4+\cdots+98+99$$

강의노트

① 1에서 99까지의 연속하는 수를 각각 두 번씩 더하면 다음과 같습니다.

$$
\begin{array}{r}
1+\quad 2+\quad 3+\quad 4+\quad 5+\cdots+\quad 97+\quad 98+\quad 99 \\
+)\ 99+\quad 98+\quad 97+\quad 96+\quad 95+\cdots+\quad 3+\quad 2+\quad 1 \\
\hline
\boxed{}+\boxed{}+\boxed{}+\boxed{}+\boxed{}+\cdots+\boxed{}+\boxed{}+\boxed{}
\end{array}
$$

$\boxed{}$개

② 1에서 99까지의 연속하는 수를 두 번씩 더한 값은 $\boxed{}$을 $\boxed{}$번 더한 값과 같으므로

$\boxed{}\times\boxed{}=\boxed{}$입니다.

③ 따라서 1에서 99까지의 연속하는 수의 합은 $\boxed{}\div2=\boxed{}$입니다.

유제 다음 연속하는 수의 합을 구하시오.

$$1+2+3+4+\cdots+68+69+70$$

개념학습 **묶인 수의 합**

어느 해 11월의 달력입니다. 색칠된 부분의 8개의 수의 합은 다음과 같이 여러 가지 방법으로 구할 수 있습니다.

일	월	화	수	목	금	토
		1	2	3	4	5
6	7	8	9	10	11	12
13	14	15	16	17	18	19
20	21	22	23	24	25	26
27	28	29	30			

① 오른쪽 그림과 같이 마주 보고 있는 2개의 수의 합은 모두 20이므로 8개의 수의 합은 20×4=80입니다.

2	3	4
9	10	11
16	17	18

② 마주 보고 있는 두 수가 같아지도록 큰 수에서 작은 수로 알맞게 수를 옮기면 8개의 수는 모두 가운데 수인 10이 되고, 합은 10×8=80이 됩니다.

2	3	4
9	10	11
16	17	18

➡

10	10	10
10	10	10
10	10	10

예제 │ 다음과 같은 모양으로 7개의 수를 묶어서 합을 구하였더니 266이 되었습니다. 7개의 수 중에서 가장 큰 수는 무엇입니까?

1	2	3	4	5	6	7	8	9	10
11	12	13	14	15	16	17	18	19	20
21	22	23	24	25	26	27	28	29	30
31	32	33	34	35	36	37	38	39	40
41	42	43	44	45	46	47	48	49	50

강의노트

① 색칠된 7개의 수에서 가운데 수를 중심으로 마주 보고 있는 두 수가 같아지도록 수를 옮기면 7개의 수의 합은 가운데 수인 ☐ 을 7번 더한 것과 같습니다.

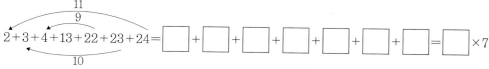

$$2+3+4+13+22+23+24 = \boxed{}+\boxed{}+\boxed{}+\boxed{}+\boxed{}+\boxed{}+\boxed{} = \boxed{} \times 7$$

② 가운데 수를 ★이라 하면 색칠된 7개의 수의 합은 ★×☐ 로 나타낼 수 있으므로 가운데 수는 266÷7=☐ 이 됩니다.

③ 또, 가장 큰 수는 가운데 수보다 항상 11이 큰 수이므로 가장 큰 수는 ☐ +11=☐ 입니다.

다음 중 수의 개수가 가장 많은 것은 어느 것입니까?

> ① 30에서 120까지의 연속하는 수의 개수
> ② 200에서 400까지의 짝수의 개수
> ③ 1에서 200까지의 홀수의 개수

1 연속하는 수에서 가장 작은 수를 처음 수, 가장 큰 수를 끝수라고 합니다. 다음 빈칸에 알맞은 말을 써넣어 연속하는 수의 개수를 구하는 방법을 완성하시오.

$$(연속하는\ 수의\ 개수)=(\boxed{}-\boxed{})+1$$

2 30에서 120까지의 연속하는 수의 개수를 구하시오.

3 200에서 400까지의 짝수는 200, 202, 204, 206, …, 398, 400입니다. 400은 200에 2를 몇 번 더한 수인지 구하고, 이를 이용하여 200에서 400까지의 짝수의 개수를 구하시오.

4 1에서 200까지의 홀수는 1, 3, 5, 7, 9, …, 195, 197, 199입니다. 1에서 200까지의 홀수의 개수를 구하시오.

5 ①, ②, ③ 중 개수가 가장 많은 것은 어느 것입니까?

○ **Key Point**

연속하는 수의 개수는
(끝수)−(처음 수)+1입
니다.

1 다음과 같은 연속수의 합을 구하시오.

$$55+56+57+ \cdots +148+149+150$$

2 5에서 19까지의 연속된 홀수의 합은 다음과 같습니다.

$$5+7+9+11+13+15+17+19=96$$

11에서 191까지의 연속된 홀수의 합을 구하시오.

11에서 191까지의 홀수의
개수를 먼저 구합니다.

유형 O2-2 재미있는 모양으로 묶기

수 배열표에서 다음과 같은 모양으로 4개의 수를 묶어서 합을 구하려고 합니다. 4개의 수를 묶어서 더한 값이 182일 때, 4개의 수 중에서 가장 작은 수는 무엇입니까?

1	2	3	4	5	6	7	8
9	10	11	12	13	14	15	16
17	18	19	20	21	22	23	24
25	26	27	28	29	30	31	32
33	34	35	36	37	38	39	40
41	42	43	44	45	46	47	48
49	50	51	52	53	54	55	56
57	58	59	60	61	62	63	64

1 4개의 수 중 가장 작은 수를 □라고 할 때, 나머지 세 수를 모두 □를 사용한 식으로 나타내시오.

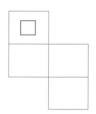

2 4개의 수의 합 182를 □를 사용한 식으로 나타내고, □의 값을 구하시오.

3 4개의 수 중에서 가장 작은 수는 무엇입니까?

4 이번에는 오른쪽과 같은 모양으로 5개의 수를 묶어서 합을 구하려고 합니다. 5개의 수의 합이 129일 때, ㉠에 알맞은 수는 무엇입니까?

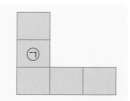

창의사고력수학
FACTO

○ Key Point

5개의 수 중에서 가운
데 수를 □라 하여 식으
로 나타내어 봅니다.

1 수 배열표에서 다음과 같은 모양으로 묶은 5개의 수의 합이 170일 때, 5개의 수 중에서 가장 큰 수는 무엇입니까?

1	7	13	19	25	31	37	43
2	8	14	20	26	32	38	44
3	9	15	21	27	33	39	45
4	10	16	22	28	34	40	46
5	11	17	23	29	35	41	47
6	12	18	24	30	36	42	48

합이 같아지도록 6개의
수를 2개씩 묶어 봅니다.

2 다음과 같은 직사각형 모양으로 6개의 수를 묶어서 합을 구하려고 합니다. 다음 중 6개의 수의 합이 될 수 없는 것을 모두 고르시오.

9	8	7	6	5	4	3	2	1
18	17	16	15	14	13	12	11	10
27	26	25	24	23	22	21	20	19
36	35	34	33	32	31	30	29	28
45	44	43	42	41	40	39	38	37
54	53	52	51	50	49	48	47	46
63	62	61	60	59	58	57	56	55
72	71	70	69	68	67	66	65	64

① 315   ② 99   ③ 244   ④ 171   ⑤ 283

1 수 배열표에서 주어진 도형 안의 수들의 합이 다음과 같도록 알맞은 위치를 찾아 색칠하시오.

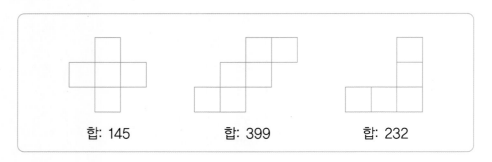

합: 145　　　　　　합: 399　　　　　　합: 232

1	2	3	4	5	6	7	8	9	10
11	12	13	14	15	16	17	18	19	20
21	22	23	24	25	26	27	28	29	30
31	32	33	34	35	36	37	38	39	40
41	42	43	44	45	46	47	48	49	50
51	52	53	54	55	56	57	58	59	60
61	62	63	64	65	66	67	68	69	70
71	72	73	74	75	76	77	78	79	80
81	82	83	84	85	86	87	88	89	90
91	92	93	94	95	96	97	98	99	100

2 광규는 1쪽부터 차례대로 인쇄된 책을 어느 쪽부터 연속하여 13쪽을 읽었는데, 읽은 부분의 쪽수의 합이 338이었다고 합니다. 광규는 책을 몇 쪽부터 읽었습니까?

3 다음 곱셈표에서 정사각형 모양으로 네 수를 계속하여 묶어 나갈 때, 첫째 번 정사각형 안의 수는 1, 2, 2, 4이고, 둘째 번 정사각형 안의 수는 4, 6, 6, 9, 셋째 번 정사각형 안의 수는 9, 12, 12, 16입니다. 이때, 30째 번 정사각형 안의 네 수의 합은 얼마입니까?

×	1	2	3	4	5	6	⋯
1	1	2	3	4	5	6	⋯
2	2	4	6	8	10	12	⋯
3	3	6	9	12	15	18	⋯
4	4	8	12	16	20	24	⋯
5	5	10	15	20	25	30	⋯
6	6	12	18	24	30	36	⋯
⋮	⋮	⋮	⋮	⋮	⋮	⋮	⋮

03 분수

크기가 같은 분수

① 분수의 분모와 분자에 같은 수를 곱하거나, 분모와 분자를 0이 아닌 같은 수로 나누어도 분수의 크기는 변하지 않습니다.

$$\frac{\bigstar}{\triangle} = \frac{\bigstar \times \circledcirc}{\triangle \times \circledcirc} = \frac{\bigstar \div \circledcirc}{\triangle \div \circledcirc} \text{ (단, } \circledcirc \neq 0)$$

② 분모, 분자를 1이 아닌 같은 수로 더 이상 나눌 수 없는 분수를 기약분수라고 합니다.

$$\frac{1}{2}, \ \frac{2}{3}, \ \frac{5}{8}, \ \frac{7}{9}, \cdots$$

기약분수의 분모, 분자에 2, 3, 4, …를 차례로 곱하면 크기가 같은 분수를 만들 수 있습니다.

$$\frac{1}{2} = \frac{1\times2}{2\times2} = \frac{1\times3}{2\times3} = \frac{1\times4}{2\times4} = \cdots$$

[예제] 분모, 분자가 모두 50보다 작을 때, $\frac{4}{12}$ 와 크기가 같은 분수는 모두 몇 개입니까?

[강의노트]

① $\frac{4}{12}$ 의 분모와 분자를 □로 나누어 기약분수 $\frac{1}{3}$ 을 만듭니다.

② 분모와 분자에 같은 수를 곱해도 분수의 크기는 같으므로, 기약분수 $\frac{1}{3}$ 의 분모와 분자에 2, 3, 4, …를 곱하여 크기가 같은 분수를 구합니다.

$$\frac{1}{3} = \frac{2}{6} = \boxed{} = \frac{4}{12} = \boxed{} = \boxed{} = \boxed{} = \cdots$$

③ 분모와 분자가 모두 50보다 작아야 하므로 $\frac{4}{12}$ 와 크기가 같은 분수는 기약분수 $\frac{1}{3}$ 의 분모와 분자에 16을 곱한 □까지입니다.

④ 따라서 $\frac{4}{12}$ 와 크기가 같은 분수는 모두 16−1=□ (개)입니다.

[유제] 분모, 분자가 모두 5보다 크고 50보다 작을 때, 5와 크기가 같은 분수는 모두 몇 개입니까?

개념학습 **분수의 크기 비교**

① 분수의 크기를 비교할 때 분모가 같으면 분자가 큰 분수가 더 크고, 분자가 같으면 분모가 작은 분수가 더 큽니다.

$$\frac{3}{7} < \frac{6}{7}, \quad \frac{6}{13} < \frac{6}{8}$$

② 분모, 분자가 모두 다른 분수의 크기를 비교할 때는 분모 또는 분자를 같게 만든 후 비교합니다.

- $\frac{2}{3}$, $\frac{1}{5}$ ➡ ($\frac{2}{3}$, $\frac{1\times2}{5\times2}$ ➡ $\frac{2}{3} > \frac{2}{10}$) ➡ $\frac{2}{3} > \frac{1}{5}$

- $\frac{2}{3}$, $\frac{3}{5}$ ➡ ($\frac{2\times5}{3\times5}$, $\frac{3\times3}{5\times3}$ ➡ $\frac{10}{15} > \frac{9}{15}$) ➡ $\frac{2}{3} > \frac{3}{5}$

③ 분모와 분자의 차가 같은 진분수의 크기는 분모, 분자가 큰 분수가 더 큽니다.

$$\frac{1}{4} < \frac{2}{5} < \frac{3}{6} < \frac{4}{7} < \frac{5}{8}$$

예제 다음 분수의 크기를 비교하여 큰 것부터 차례대로 쓰시오.

$$\frac{11}{16} \quad \frac{6}{11} \quad \frac{2}{7} \quad \frac{13}{18} \quad \frac{4}{9} \quad \frac{16}{21}$$

강의노트

① 위의 분수들은 분모와 분자의 차가 ☐ 로 모두 같습니다.

② 분모와 분자의 차가 같은 분수는 분모 또는 분자가 ☐ 분수가 더 큽니다.

③ 따라서 분수의 크기가 큰 것부터 차례대로 쓰면 다음과 같습니다.

☐ > ☐ > ☐ > ☐ > ☐ > ☐

유제 다음 세 분수의 크기를 비교하여 작은 것부터 차례대로 쓰시오.

$$\frac{5}{8}, \quad \frac{9}{10}, \quad \frac{5}{6}$$

유형 O3-1 숫자 카드로 분수 만들기

다음 5장의 숫자 카드 중에서 두 장을 골라 분수를 만들 때, 만들 수 있는 분수 중 $\frac{1}{2}$ 보다 작은 분수는 모두 몇 개입니까?

1 다음은 두 장을 골라 만든 분모가 1인 분수입니다. 이 중 $\frac{1}{2}$ 보다 작은 분수는 없습니다.

$$\frac{3}{1}, \ \frac{4}{1}, \ \frac{6}{1}, \ \frac{8}{1}$$

두 장을 골라 만든 분모가 3인 분수를 모두 쓰고, $\frac{1}{2}$ 보다 작은 분수를 고르시오.

2 두 장을 골라 만든 분모가 4, 6, 8인 분수 중 $\frac{1}{2}$ 보다 작은 분수를 모두 쓰시오.

3 $\frac{1}{2}$ 보다 작은 분수는 모두 몇 개입니까?

4 숫자 카드 $\boxed{1}$, $\boxed{2}$, $\boxed{5}$, $\boxed{6}$, $\boxed{7}$ 중 두 장을 골라 분수를 만들 때, 만들 수 있는 분수 중 $\frac{1}{2}$ 보다 크고 1보다 작은 분수를 모두 구하시오.

확인문제

○ Key Point

$\frac{1}{3} = \frac{2}{6} = \frac{3}{9}$ 입니다.

1 다음 4장의 숫자 카드 중에서 두 장을 골라 분수를 만들려고 합니다. 만들 수 있는 분수 중 $\frac{1}{3}$ 보다 작은 분수를 모두 쓰시오.

$\boxed{2}$ $\boxed{3}$ $\boxed{7}$ $\boxed{9}$

2 다음 5장의 숫자 카드를 사용하여 만들 수 있는 분수 중 $\frac{1}{5}$ 과 크기가 같은 분수는 모두 몇 개입니까?

$\boxed{0}$ $\boxed{1}$ $\boxed{2}$ $\boxed{3}$ $\boxed{4}$

먼저 $\frac{1}{5}$ 과 크기가 같은 분수를 여러 개 적어 봅니다.

유형 O3-2 분모와 분자의 합

$\dfrac{5}{8}$와 크기가 같은 분수 중에서 분모와 분자의 합이 260인 분수는 무엇입니까?

1 분모와 분자에 같은 수 2, 3, 4, 5, 6을 차례로 곱하여 $\dfrac{5}{8}$와 크기가 같은 분수 5개를 만들어 보시오.

2 $\dfrac{5}{8}$와 크기가 같은 분수입니다. 다음 표를 완성하시오.

분모와 분자에 곱한 수	2	3	4	5	6
$\dfrac{5}{8}$와 크기가 같은 분수	$\dfrac{10}{16}$				
분모와 분자의 합		39			

3 $\dfrac{5}{8}$의 분모와 분자의 합은 13입니다. 분모와 분자의 합이 260이 되는 것은 분모와 분자에 어떤 수를 곱했을 때입니까?

4 $\dfrac{5}{8}$와 크기가 같은 분수 중에서 분모와 분자의 합이 260인 분수는 무엇입니까?

창의사고력수학
FACTO

1 분모와 분자의 합이 20인 분수 중에서 $\dfrac{1}{2}$ 보다 작은 분수는 몇 개입니까?

$\dfrac{1}{19} < \dfrac{2}{18} < \dfrac{3}{17} < \cdots$

2 분모와 분자의 합이 12보다 작은 분수 중에서 $\dfrac{1}{4}$ 보다 작은 분수를 모두 쓰시오.

$\dfrac{1}{4} = \dfrac{2}{8} = \dfrac{3}{12} = \cdots$ 이고, 분자가 같은 분수는 분모가 클수록 더 작습니다.

1 다음 분수의 크기를 비교하여 큰 것부터 차례대로 쓰시오.

$$\frac{8}{9} \ , \ \frac{11}{12} \ , \ \frac{2}{5} \ , \ \frac{8}{11}$$

2 1에서 9까지의 숫자를 한 번씩 써서 크기가 같은 3개의 분수를 만들어 보시오.

$$\frac{3}{6} = \frac{\square}{\square\square} = \frac{\square\square}{\square\square}$$

3 $\frac{3}{7}$과 크기가 같은 분수 중에서 분모와 분자의 차가 72인 분수는 무엇입니까?

4 $\frac{2}{6}$의 분모, 분자에 같은 수를 더했더니 새로운 분수의 크기가 $\frac{3}{4}$이 되었습니다. $\frac{2}{6}$의 분모와 분자에 더한 수는 무엇입니까?

Memo

VII 언어와 논리

언어와 논리

04 도형 유비추론

개념학습 유비추론

사물들이 서로 어떤 관계를 맺고 있는지 비교함으로써 낱말이나 사물의 쌍 속에서 반복되는 관계를 찾아내는 것을 유비추론이라 합니다.

●: ● = ■: ■ (●와 ●의 관계는 ■와 ■의 관계와 같습니다.)

예제 │ 다음 빈칸에 알맞은 그림을 그려 넣으시오.

(1) 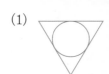 : =  :

(2)   :  = :

강의노트

① ▽(원) 와 ▽(원) 은 안과 밖에 있는 두 도형이 서로 바뀌어져 있습니다.

따라서 ◇ 의 안과 밖에 있는 두 도형을 서로 바꾸어 그리면 [   ] 입니다.

② ○□ 에서 한 점에서 만나고 있는 두 도형이 합쳐져서 ◯ 모양이 되었습니다.

따라서 ◺ 에서 한 점에서 만나고 있는 두 도형이 합쳐지면 [   ] 모양이 됩니다.

유제 │ 다음 두 단어의 관계와 다른 하나를 고르시오.

밥통 - 밥

① 선풍기 - 바람   ② 장갑 - 양말   ③ 라디오 - 음악
④ 정수기 - 물   ⑤ 전자레인지 - 음식

개념학습 **수 사이의 관계 찾기**

수 사이의 관계는 +, −, ×, ÷를 이용한 계산, 각 자리 숫자의 합이나 곱, 나눗셈의 나머지, 두 수의 차 등 여러 가지가 있습니다.

① 앞의 두 수의 합

3	2	5
7	10	17
11	3	14
5	1	6

② 5로 나눈 나머지

13	3
7	2
12	2
9	4

③ 각 자리 숫자의 합

20	2
17	8
11	2
31	4

예제 다음에서 ㉠, ㉡, ㉢ 세 수가 주어졌을 때 그 결과가 일정한 규칙에 맞으면 ○표, 틀리면 ×표 하였습니다. □ 안에 알맞은 수를 구하시오.

	㉠	㉡	㉢	결과
가	22	12	10	○
나	14	50	36	○
다	7	16	23	×
라	3	47	44	○
마	11	33	□	○

강의노트

① 가 행에서 22−12=10이므로 ㉠−㉡=㉢입니다. 나, 라 행에서 50−14=36, 47−3=44이므로 ㉡−㉠=㉢입니다. 따라서, ㉢은 ㉠과 ㉡의 (합, 차)입니다.

② 마 행의 □ 안에 알맞은 수는 □−11=□입니다.

유제 다음과 같이 일정한 규칙에 따라 수를 연결할 때, 빈칸에 알맞은 수를 써넣으시오.

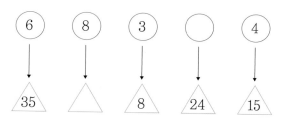

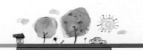

규칙에 맞게 빈칸에 알맞은 그림을 그려 넣으시오.

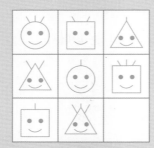

1 다음은 얼굴 모양만 그린 것입니다. 빈칸에 알맞은 도형을 그려 넣으시오.

○	□	△
△	○	□
□	△	

2 다음은 머리카락의 개수만 써넣은 것입니다. 빈칸에 알맞은 수를 써넣으시오.

3	2	1
2	1	3
1	3	

3 빈칸에 들어갈 그림을 그려 보시오.

4 규칙에 맞게 알맞은 그림을 그려 넣으시오.

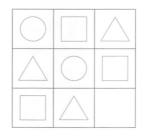

Key Point

세로로 왼쪽 줄은 생물, 오른쪽 줄은 탈것입니다.

1 다음 빈칸에 들어갈 알맞은 그림을 고르시오.

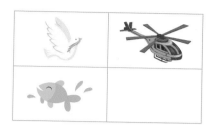

① 다람쥐　　　② 배　　　③ 자동차

④ 호랑이　　　⑤ 비행기

2 가운데 빈칸에 알맞은 그림을 그려 넣으시오.

대각선 방향으로 모양, 무늬, 개수를 살펴봅니다.

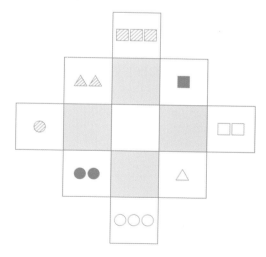

유형 04-2 공통점 찾기

다음 |보기|를 보고, 주어진 두 가지 그림 중 삼식이를 고르시오.

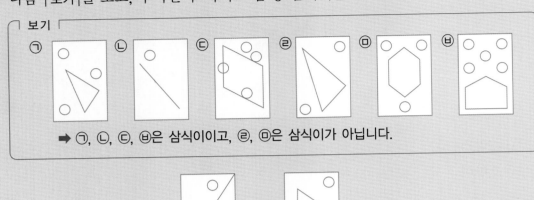

➡ ㉠, ㉡, ㉢, ㉺은 삼식이이고, ㉣, ㉤은 삼식이가 아닙니다.

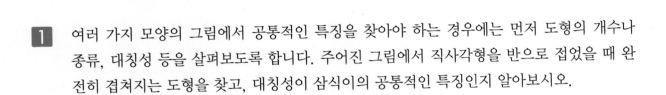

1 여러 가지 모양의 그림에서 공통적인 특징을 찾아야 하는 경우에는 먼저 도형의 개수나 종류, 대칭성 등을 살펴보도록 합니다. 주어진 그림에서 직사각형을 반으로 접었을 때 완전히 겹쳐지는 도형을 찾고, 대칭성이 삼식이의 공통적인 특징인지 알아보시오.

2 위의 |보기|에서 직사각형 안에 그려져 있는 각각의 도형의 개수를 세어 다음 표를 완성하시오.

	㉠	㉡	㉢	㉣	㉤	㉺
원의 개수	3	1		2	3	5
각의 개수	3	0	4			
선분의 개수	3	1				

3 **2**의 표를 보고 삼식이의 공통된 특징을 찾아 쓰시오.

4 주어진 두 가지 그림 중 삼식이는 어느 것입니까?

원래 도형의 변의 개수
와 나누어진 조각의 개
수를 세어 봅니다.

1 다음을 보고, 고수의 특징을 쓰시오.

고수이다.　　고수가　　고수이다.　　고수가　　고수이다.
　　　　　아니다.　　　　　　아니다.

2 다음 그림을 보고, 뽀롱을 고르시오.

바깥 도형의 변의 개수
와 안에 그려진 선의 개
수를 살펴봅니다.

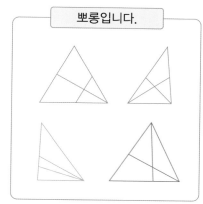　　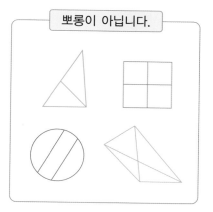

①　　　　②　　　　③

④　　　　⑤

1 일정한 규칙에 따라 그림을 그렸습니다. 빈칸에 알맞은 그림을 그려 넣으시오.

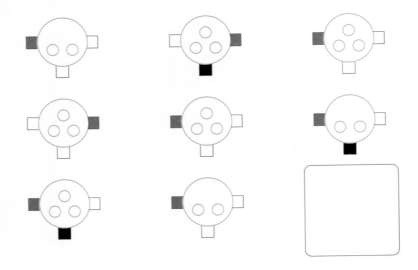

2 다음을 보고, 태라의 특징을 쓰시오.

태라입니다.

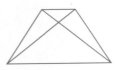
태라가 아닙니다.

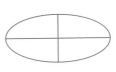
태라입니다.

태라가 아닙니다.

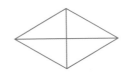
태라입니다.

3 형규는 친구와 규칙에 따라 말을 수로 바꾸는 놀이를 하고 있습니다. 빈칸에 알맞은 수를 써넣으시오.

사자	➡	2
뱀	➡	1
까마귀	➡	3
오랑우탄	➡	4
두더지	➡	

4 빈칸에 알맞은 그림을 그려 넣으시오.

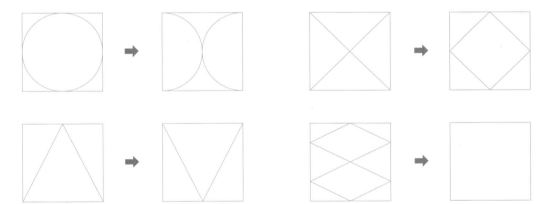

05 연역표

개념학습 연역적 논리

연역적 논리란 주어진 조건이나 사실을 이용하여 논리적으로 모순이 되지 않게 어떤 사실을 추론하는 것을 말합니다. 연역적 논리의 가장 대표적인 방법이 삼단논법입니다.

> 모든 인간은 죽는다.
> 소크라테스는 인간이다.
> 결론: 소크라테스는 죽는다.

예제   다음 중 잘못된 결론을 내린 것을 고르시오.

㉠ 모든 고양이는 사납다.
나비는 우리 집 고양이다.
결론: 우리 집 고양이 나비는 사납다.

㉡ 포유류는 젖을 먹는 동물이다.
고래는 포유류이다.
결론: 고래는 젖을 먹는 동물이다.

㉢ 정수는 지연이보다 빠르다.
경연이는 정수보다 빠르다.
결론: 경연이는 지연이보다 빠르다.

㉣ 사자는 무서운 동물이다.
레오는 표범이다.
결론: 레오는 무서운 동물이다.

강의노트

① 다음에서 사자와 표범은 서로 다른 동물이므로 삼단논법의 결론을 내릴 수 없습니다.

> ㉣ 사자는 무서운 동물이다.
> 레오는 표범이다.

② 결론이 참이 되기 위해서는 '사자는 무서운 동물이다.'를 '⬚은 무서운 동물이다.'로 고치거나 '레오는 표범이다.'를 '레오는 ⬚이다.'라고 고쳐야 합니다.

유제   밑줄 친 곳에 알맞은 결론을 쓰시오.

> 꽃은 향기가 좋습니다.
> 호박꽃은 호박 덩굴에 피는 꽃입니다.
> 결론: _____

연역표

연역적 논리에서 주어진 사실을 오른쪽과 같이 표로 나타내면
쉽게 결론을 얻을 수 있는데, 이러한 표를 연역표라고 합니다.

	가	나	다
갑	○	×	×
을	×	×	○
병	×	○	×

예제 종수, 영민, 수영이의 성은 김 씨, 박 씨, 이 씨 중 하나입니다. 다음 |조건|을 보고, 세 사람의 성을 구하시오.

┌ 조건 ┌
• 영민이는 김 씨보다 키가 큽니다.
• 김 씨는 종수가 아닙니다.
• 박 씨는 종수보다 키가 작습니다.

강의노트

① 첫째 조건에서 영민이는 김 씨가 아닙니다. 둘째 조건에서 종수는 김 씨가 아닙니다. 셋째 조건에서 종수는 박 씨가 아닙니다. 연역표를 만들어 주어진 사실을 ○, ×로 표시하면 다음과 같습니다.

	김 씨	박 씨	이 씨
종수	×	×	
영민	×		
수영			

② 남은 칸에 ○, ×를 표시하여 연역표를 완성합니다.

	김 씨	박 씨	이 씨
종수	×	×	
영민	×		
수영			

③ 따라서 종수는 [ ] 씨이고, 영민이는 [ ] 씨, 수영이는 [ ] 씨입니다.

다음을 읽고, 네 사람이 좋아하는 과일을 구하시오.

> • 은호, 진영, 희수, 효정이는 좋아하는 과일이 모두 다릅니다.
> • 네 사람이 좋아하는 과일은 각각 수박, 사과, 배, 포도입니다.
> • 은호는 사과를 좋아하는 친구와 가장 친합니다.
> • 희수는 효정이가 포도를 가장 좋아한다는 사실을 알고 있습니다.
> • 진영이는 속이 빨갛고 겉에 줄무늬가 있는 과일을 좋아합니다.

1 셋째 조건에서 은호가 좋아하지 않는 과일은 무엇입니까?

2 효정이가 좋아하는 과일은 무엇입니까?

3 진영이가 좋아하는 과일은 무엇입니까?

4 조건에서 좋아하는 과일을 ○, 싫어하는 과일을 ×로 표시했습니다. 남은 칸에 ○, ×를 하여 표를 완성하시오.

	수박	사과	배	포도
은호		×		
진영	○			
희수				
효정				○

5 네 사람이 좋아하는 과일은 각각 무엇입니까?

확인문제

1 정현, 다빈, 한솔이는 수영, 등산, 독서 중 서로 다른 취미를 한 가지씩 가지고 있습니다. 다음을 보고, 세 사람의 취미를 각각 구하시오.

> 정현이는 운동을 싫어하고, 다빈이는 물을 싫어합니다.

Key Point

연역표를 그리고, ○, × 로 표시해 봅니다.

2 수진, 민수, 현호, 강우 네 사람은 각각 강아지 한 마리를 키우고 있습니다. 강아지의 이름은 콜라, 뽀뽀, 티코, 초코입니다. 다음을 읽고, 수진이가 키우는 강아지의 이름을 구하시오.

> ① 뽀뽀의 주인은 강우와 아주 친합니다.
> ② 현호는 강아지의 이름을 자신이 좋아하는 음료수의 이름으로 지었습니다.
> ③ 어제 민수의 강아지는 초코, 뽀뽀와 달리기를 하여 1등을 했습니다.

연역표를 그리고, ○, × 로 표시해 봅니다.

유형 05-2 A → B → C

다음 세 개의 문장으로부터 분명하게 말할 수 있는 것을 고르시오.

> • 수학을 좋아하는 사람은 운동을 좋아합니다.
> • 독서를 좋아하는 사람은 음악을 좋아합니다.
> • 운동을 좋아하지 않는 사람은 음악을 좋아하지 않습니다.

① 독서를 좋아하는 사람은 운동을 좋아합니다.
② 음악을 좋아하는 사람은 수학을 좋아하지 않습니다.
③ 독서를 좋아하는 사람은 수학을 좋아합니다.
④ 수학을 좋아하는 사람은 음악을 좋아합니다.
⑤ 수학을 좋아하는 사람은 독서를 좋아하지 않습니다.

1 첫째 번 문장에서 수학을 좋아하는 사람과 운동을 좋아하는 사람의 포함 관계를 그림으로 나타내면 수학을 좋아하는 사람이 운동을 좋아하는 사람에 포함되어 있습니다.

2 셋째 번 문장에서 운동을 좋아하지 않는 사람이 모두 음악을 좋아하지 않는 사람에 포함되도록 그림으로 나타내면 오른쪽과 같습니다.
따라서 '운동을 좋아하지 않는 사람은 음악을 좋아하지 않는 사람입니다.' 라는 말은 '음악을 좋아하는 사람은 ☐을 좋아하는 사람입니다.' 라는 말과 같습니다.

3 다음은 주어진 조건의 관계를 화살표로 나타낸 것입니다. 빈칸에 알맞은 말을 써넣으시오.

> 수학 → 운동
> 독서 → ☐ → 운동

4 **3**의 결과에서 수학과 독서, 수학과 ☐ 사이의 관계는 알 수 없고, 독서를 좋아하는 사람은 운동을 좋아한다고 말할 수 있습니다.

1 다음을 읽고, 틀린 것을 고르시오.

> • 연진이는 사과를 좋아합니다.
> • 수영이는 딸기를 좋아합니다.
> • 사과를 좋아하는 사람은 배도 좋아합니다.
> • 사과를 좋아하지 않는 사람은 딸기도 좋아하지 않습니다.

① 연진이는 배를 좋아합니다.
② 연진이는 딸기를 좋아합니다.
③ 수영이는 사과를 좋아합니다.
④ 수영이는 배를 좋아합니다.
⑤ 딸기를 좋아하는 사람은 배를 좋아합니다.

○ **Key Point**

'사과를 좋아하지 않는 사람은 딸기도 좋아하지 않습니다.' 라는 말은 '딸기를 좋아하는 사람은 사과를 좋아합니다.' 라는 말과 같습니다.

2 A, B, C, D 네 사람은 각각 수박, 참외, 사과, 복숭아 중 2가지의 과일을 좋아합니다. 다음을 읽고, C가 좋아하는 과일을 구하시오.

> • 수박을 좋아하는 사람은 2명으로, 두 사람 모두 사과를 좋아하지 않습니다.
> • 한 명을 제외하고 모두 복숭아를 좋아합니다.
> • 어느 두 사람도 좋아하는 2가지 과일이 같지 않습니다.
> • C만 좋아하는 과일이 있습니다.

수박을 좋아하는 두 사람은 각각 수박과 참외, 수박과 복숭아를 좋아합니다.

1 다음과 같이 친구들끼리 좋아하는 이성친구에게 선물을 주었습니다. 모두 한 번씩 선물을 주고 받았지만, 두 사람이 서로 주고 받은 사람은 아무도 없습니다.

> • 시연, 수정, 은영이는 여자이고, 백호, 동준, 수철이는 남자입니다.
> • 은영이에게 선물을 받은 사람은 수정이에게 선물을 주었습니다.
> • 동준이에게 선물을 받은 사람은 수철이에게 선물을 주었습니다.
> • 시연이와 백호는 서로 선물을 주고 받지 않았습니다.

시연이에게 선물을 받은 사람은 누구인지 구하시오.

2 어느 쇼핑몰에서 다음 |조건|에 맞게 3가지 물건을 주문하면 할인해 주는 이벤트를 한다고 합니다. 할인을 받기 위해서는 어떤 상품을 사야 합니까?

> ┌ 조건 ┐
> ① 살 수 있는 상품은 냉장고, 세탁기, TV, 비디오, 전화기입니다.
> ② 냉장고를 사면 세탁기는 살 수 없습니다.
> ③ 비디오를 사면 반드시 TV도 사야 합니다.
> ④ 전화기와 세탁기 둘 중 하나는 반드시 사야 합니다. 하지만, 둘 다 살 수는 없습니다.
> ⑤ 냉장고, TV, 전화기 중 반드시 2개를 사야 합니다.

3 가, 나, 다, 라, 마 다섯 명의 친구가 국어, 사회, 수학, 영어 중 좋아하는 과목을 한 가지씩 말했습니다. 다음 대화를 보고, 다가 좋아하는 과목을 구하시오.

> 가: 다와 라는 좋아하는 과목이 달라요. 그리고 저는 사회를 싫어합니다.
> 나: 저는 사회와 수학을 좋아하지 않습니다.
> 다: 국어를 좋아하는 사람은 한 명뿐인데, 저는 아니예요.
> 라: 저는 수학을 좋아하지 않아요.
> 마: 친구들 중 저 혼자만 영어를 좋아해요.

4 선희가 쓴 다음 글을 읽고, 선영, 지은, 선희 세 사람의 직업을 구하시오.

> 우리는 서로 다른 일을 합니다. 우리 중 한 사람은 화가이고, 한 사람은 운동 선수이고, 나머지 한 사람은 선생님입니다. 선생님이 직업인 사람은 저의 친언니입니다. 선영이는 언니의 딸인데, 여가 시간에 운동을 하지 않습니다. 하지만 우리 셋 중 화가가 직업인 사람은 취미가 등산과 농구입니다.

06 배치하기

배치하기

① 위치 찾기: 위치와 관련된 문제는 그림을 그려서 해결합니다.

> 집에서 동쪽으로 200m,
> 북쪽으로 100m를 가면 놀이터입니다.
> 놀이터에서 서쪽으로 300m,
> 북쪽으로 100m를 가면 학교입니다.

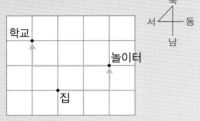

② 순서 정하기: 주어진 조건을 보고 순서를 알아내는 문제는 그림을 그려 보면 좀 더 쉽게 해결할 수 있습니다.

> ㉠은 ㉢의 앞에 있고,
> ㉡은 ㉠의 앞에 있습니다.

예제 민수, 재영, 주영, 수인, 정민 다섯 명의 학생이 한 줄로 서 있습니다. 다음 글을 보고, 앞에 선 학생부터 차례대로 이름을 쓰시오.

> • 주영이의 앞, 뒤에는 남자가 있습니다.　• 민수, 재영이, 정민이는 남자입니다.
> • 주영이와 수인이는 여자입니다.　　　• 수인이 뒤에 3명이 있습니다.
> • 정민이는 수인이보다 뒤에 있습니다.　• 민수는 주영이보다 뒤에 있습니다.

강의노트

① 수인이 뒤에 3명이 있다고 했으므로 수인이는 앞에서 ☐째 번에 있습니다.

앞 ○──○──○──○──○ 뒤

② 여자인 수인이의 위치가 정해져 있고, 주영이는 남자 사이에 있다고 했으므로 주영이의 위치는 앞에서 ☐째 번입니다.

앞 ○──수인──○──○──○ 뒤

③ 민수는 주영이 뒤에 있고, 정민이는 수인이보다 뒤에 있다고 했으므로 맨 앞에 있는 사람은 ☐입니다.

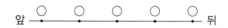
앞 ☐──수인──☐──☐──☐ 뒤

개념학습 **자리배치**

주어진 조건을 보고, 자리의 배치관계를 알아냅니다.

자리의 배치에는 1열 배치, 2열 배치, 원 배치 등이 있습니다.

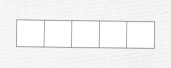

1열 배치

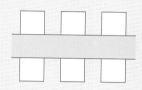

2열 배치

원 배치

예제 둥근 탁자에 5명의 학생이 앉아 있습니다. 정수의 오른쪽에 앉은 사람은 누구입니까?

> • 세창이는 정수의 옆이 아닙니다.
> • 경주는 세창이의 오른쪽에 앉아 있지 않습니다.
> • 수경이는 민기의 오른쪽에 앉아 있습니다.

강의노트

① 첫째 번 조건에서 세창이와 정수는 떨어져서 앉아 있습니다. 세창이의 자리를 정하면 정수의 자리는 두 가지 경우가 나옵니다.

② 셋째 번 조건에서 수경이의 왼쪽에 민기의 자리를 정할 수 있습니다.

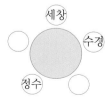 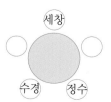

③ 두 가지 경우 중 경주가 세창이의 오른쪽이 아닌 경우를 찾으면 정수의 오른쪽에는 [ ]가 앉아 있습니다.

어느 동물 병원에는 다음과 같이 1, 2층으로 나누어진 6개의 방에 서로 다른 동물이 한 마리씩 들어가 있습니다. 다음 |조건|을 보고 ③번 방에 있는 동물을 구하시오.

①	②	③
④	⑤	⑥

조건

㉠ 햄스터 옆에 토끼가 있습니다. ㉡ 도마뱀의 옆에는 햄스터가 없습니다.

㉢ 강아지는 많이 아픕니다. ㉣ 도마뱀 위에 고양이가 있습니다.

㉤ 거북의 왼쪽에는 고양이가 있습니다.

1 조건 ㉣, ㉤에 맞게 두 가지 경우로 방을 채워 보시오.

(가)

① 고양이	②	③
④	⑤	⑥

(나)

①	② 고양이	③
④	⑤	⑥

2 조건 ㉠, ㉡을 보고, 햄스터와 토끼의 방은 각각 몇 번인지 구하시오.

3 각 방에 5가지 조건에 맞게 동물의 이름을 모두 써넣으시오.

①	②	③
④	⑤	⑥

4 ③번 방에 있는 동물은 무엇입니까?

1 유치원에서 아이들이 율동을 배우고 있습니다. 세영, 문성, 재명, 윤희, 종현, 영주 6명의 어린이가 나란히 서서 율동을 합니다. 다음을 읽고, 재명이의 오른쪽으로 몇 명이 서 있는지 구하시오.

○ Key **Point**

문성이가 손을 잡고 있는 사람은 두 명입니다.

① 재명이는 세영이의 오른쪽에서 율동을 합니다.
② 영주는 문성이의 손을 잡고 율동을 합니다.
③ 종현이는 오른쪽 끝에서 율동을 합니다.
④ 세영이의 왼쪽에 윤희와 영주가 율동을 합니다.
⑤ 세영이는 문성이의 손을 잡고 율동을 합니다.

2 다음은 8명의 어린이가 공부하는 책상의 위치를 설명한 것입니다. ㉠과 ㉡ 자리에 앉은 어린이를 각각 구하시오.

알 수 있는 조건부터 그림에 하나씩 써넣어 봅니다.

칠판			
㉠	㉡	㉢	㉣
㉤	㉥	㉦	㉧

① 진이와 솔미의 책상은 가장 멀리 떨어져 있습니다.
② 승오 책상의 오른쪽 옆은 승진이의 책상입니다.
③ 동호 책상의 옆인 종인이의 책상은 승진이의 책상과 가장 멀리 떨어져 있습니다.
④ 효진이의 책상은 칠판 앞이고 솔미 책상의 옆 자리입니다.
⑤ 형경이 책상의 앞 자리는 동호의 책상입니다.

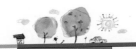

㉮, ㉯, ㉰, ㉱, ㉲ 다섯 사람이 둥근 탁자에 앉아 있습니다.
다섯 사람의 대화를 보고, 나이가 가장 많은 사람은 누구이고
㉠~㉤ 중에서 어느 자리인지 구하시오.

㉮: 나의 오른쪽에 앉은 ㉯는 나보다 6살 어린 막내입니다.
㉯: 나는 ㉮의 옆에 앉아 있지 않습니다. ㉮는 작년의 내 나이와 같습니다.
㉰: 나는 ㉲의 옆에 앉아 있습니다. 나는 ㉲보다 2살 어립니다.
㉱: 나는 ㉯의 오른쪽에 앉아 있습니다. 나는 올해 9살입니다.
㉲: 나는 북쪽에 앉아 있고, ㉱보다 1살 많습니다.

1 ㉰의 말에서 두 가지 다른 경우를 생각할 수 있습니다. ㉮의 말에 맞게 다음 두 가지에서
㉮의 자리를 정하고, 둘 중 맞는 경우를 고르시오.

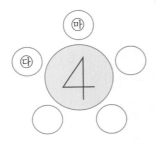

2 ㉯와 ㉱의 말에서 각각의 위치를 찾아 **1**에서 구한 가능한 곳에 표시하시오.

3 ㉱는 9살입니다. ㉰와 ㉲의 말에서 두 사람의 나이는 몇 살입니까?

4 ㉮와 ㉯의 말에서 두 사람의 나이는 몇 살입니까?

5 가장 나이가 많은 사람은 누구이며, 자리는 어디입니까?

○ Key Point

먼저 지영이의 자리를 가정한 다음, 나머지 자리를 정해 봅니다.

1 남학생인 은중이와 수철이, 여학생인 은혜와 지영이가 좋아하는 과목에 대해 책상에 둘러앉아 이야기를 하고 있습니다. 네 명은 수학, 국어, 음악, 체육 중 서로 다른 한 과목을 좋아합니다. 다음을 읽고, 네 명의 자리를 정하고 수철이가 좋아하는 과목을 구하시오.

- 국어를 좋아하는 학생의 왼쪽 자리는 여학생입니다.
- 체육을 좋아하는 학생은 수철이와 마주 보고 있습니다.
- 은중이는 지영이의 왼쪽에 앉아 있습니다.
- 지영이는 음악을 가장 좋아합니다.

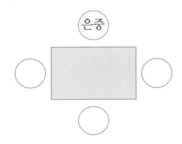

다음과 같은 그림을 그려 진희와 해인이의 자리를 먼저 정하고 해결하여 봅니다.

2 다음과 같이 해인, 진희, 성숙, 기욱, 치영 다섯 사람이 모닥불을 바라 보고 둥글게 앉아 있습니다. 치영이는 누구와 누구 사이에 앉아 있습니까?

- 진희의 바로 왼쪽 자리에 해인이가 앉아 있습니다.
- 진희의 오른쪽 자리는 기욱이가 아닙니다.
- 진희와 성숙이는 이웃하여 앉아 있지 않습니다.
- 기욱이와 치영이는 이웃하여 앉아 있지 않습니다.

1 다섯 명의 아이들이 달리기 시합을 했습니다. 아이들의 이야기를 듣고, 다음 중 나머지와 상황이 다른 하나를 고르시오.

> A: 나는 1등으로 달리다 넘어져서 꼴등으로 들어왔습니다.
> B: 나는 한 명을 추월했고, 세 명에게 추월당했습니다.
> C: 나는 두 명을 추월했습니다.
> D: 나는 A가 넘어지는 것을 봤습니다.
> E: 나는 D보다 앞서서 달린 적이 없습니다.

① 출발했을 때, A, B, C, D, E의 순서로 달리고 있었습니다.

② 시합 중에 보니 C, B, D, E, A의 순서로 달리고 있었습니다.

③ 결승선에 들어온 순서는 C, D, E, B, A였습니다.

④ C가 추월한 사람은 A, E입니다.

⑤ C는 1등으로 들어왔습니다.

2 축구를 보러 수영, 경수, 정원, 다인, 정수 다섯 명의 친구가 축구장에 갔습니다. 다음과 같이 앉을 때, 정수가 앉을 수 있는 자리는 몇 군데입니까?

> • 수영이의 양쪽 옆에는 누군가 있습니다.
> • 정수의 바로 오른쪽 옆에는 아무도 없습니다.
> • 정원이는 가장 오른쪽에 앉아 있습니다.
> • 다인이는 경수의 바로 오른쪽 옆에 앉아 있습니다.

3 주차장에 세 대의 차가 나란히 서 있습니다. 흰색 차 왼쪽으로 B 회사의 차가 있고, B 회사의 차 오른쪽으로는 빨간색 차가 있고, A 회사의 차 왼쪽의 차 색깔은 흰색입니다. 그리고 검은색 차의 오른쪽에는 C 회사의 차가 있습니다. B 회사의 차 색깔은 무슨 색입니까? (단, 왼쪽, 오른쪽이 반드시 바로 옆을 뜻하는 것은 아닙니다.)

4 A, B, C, D, E 다섯 명의 가족이 둘러 앉아 이야기를 하고 있습니다. 다음을 보고, 이 가족의 첫째 아들이 누구인지 구하시오. (단, 가족은 부모님과 세 자녀입니다.)

> A: 제 옆에는 엄마가 앉아 있고, 오빠는 저와 떨어져 앉아 있어요.
> B: 저는 A와 떨어져 앉아 있어요.
> C: 내년이면 저도 E의 나이가 되지요.
> D: 저와 A 사이에는 C가 앉아 있어요.
> E: 저는 남자이고 우리 가족 중 나이가 제일 많아요. 저의 오른쪽에는 우리 집 막내아들이 앉아 있어요.

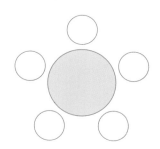

VIII 도형

도형

07 수직과 평행

각의 성질

① 서로 다른 두 직선이 만날 때 생기는 각 중에서 각 ㄱ과 각 ㄷ, 각 ㄴ과 각 ㄹ과 같이 서로 마주 보는 각을 맞꼭지각이라고 합니다. 맞꼭지각의 크기는 항상 같습니다.

② 두 직선과 한 직선이 만날 때 각 ㄱ과 각 ㅁ, 각 ㄴ과 각 ㅂ, 각 ㄷ과 각 ㅅ, 각 ㄹ과 각 ㅇ과 같이 같은 방향에 있는 두 각을 동위각이라고 합니다.
이때, 각 ㄴ과 각 ㅇ, 각 ㄷ과 각 ㅁ과 같이 서로 엇갈린 방향에 있는 두 각을 엇각이라고 합니다.

③ 두 직선이 평행하면 동위각과 엇각의 크기는 서로 같습니다.
(각 ㄱ)=(각 ㅁ), (각 ㄴ)=(각 ㅂ), (각 ㄷ)=(각 ㅅ),
(각 ㄹ)=(각 ㅇ), (각 ㄴ)=(각 ㅇ), (각 ㄷ)=(각 ㅁ)

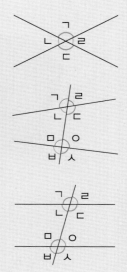

예제 그림과 같이 세 개의 직선이 만났을 때 생기는 각의 종류는 다음과 같습니다.

| 1가지 | 2가지 | 3가지 |

다음 그림에서 세 직선이 만나 이루는 각의 종류를 각각 구하시오.

①
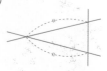

②
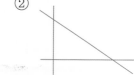

③

① 삼각형의 세 각 중 두 각의 크기가 같으므로 각의 종류는 모두 ☐ 가지입니다.

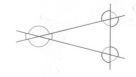

② 삼각형의 한 각이 직각이므로 각의 종류는 모두 ☐ 가지입니다.

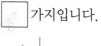
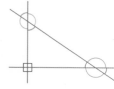

③ 삼각형의 세 각이 모두 크기가 다르므로 각의 종류는 모두 ☐ 가지입니다.

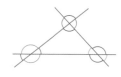

개념학습 **입사각과 반사각**

빛이 물체와 부딪히는 점에서 물체 면과 수직이 되게 선을 하나 그었을 때, 들어오는 빛이 수직선과 이루는 각을 입사각, 반사되어 나가는 빛이 수직선과 이루는 각을 반사각이라고 합니다.

이때, 입사각과 반사각의 크기는 항상 같습니다.

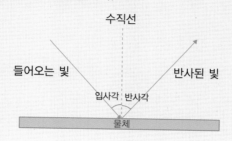

예제 평행인 두 개의 거울 사이에 다음과 같이 두 갈래의 레이저를 쏘았습니다. 각 ㉠의 크기를 구하시오.

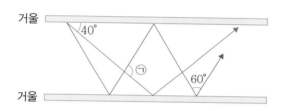

강의노트

① 빛이 거울에 닿는 점에서 거울과 수직이 되는 선을 긋습니다. 60°인 각에서 입사각과 반사각의 크기는 각각 [ ]로 같고, 거울 면과 수직선이 이루는 각의 크기는 90°이므로 색칠된 각의 크기는 [ ]입니다.

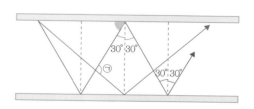

② 두 빛이 만나는 점을 이어 보조선을 그으면 이 직선은 거울 면과 평행하므로, 각 ㉠에서 보조선의 위쪽 각은 색칠된 각과 [ ]으로 같고, 보조선의 아래쪽 각은 40°인 각과 [ ]으로 같습니다.

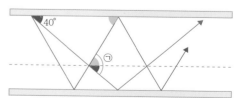

③ 따라서 각 ㉠의 크기는 [ ] + [ ] = [ ]입니다.

유형 07-1 평행선과 각

다음 그림에서 직선 가와 직선 나가 서로 평행할 때, 각 ㉠과 각 ㉡의 크기의 합을 구하시오.

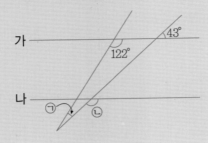

1 각 ㉠의 꼭짓점을 지나면서 직선 가, 나와 평행하도록 보조선을 그으시오.

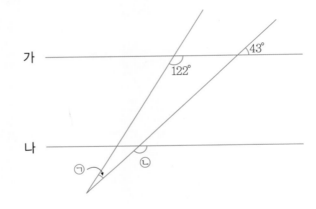

2 43°인 각을 모두 표시하고, 각 ㉡의 크기를 구하시오.

3 122°인 각을 모두 표시하고, 각 ㉠의 크기를 구하시오.

4 각 ㉠과 각 ㉡의 크기의 합은 몇 도입니까?

1 그림과 같이 평행한 세 직선 가, 나, 다와 한 직선 라가 만날 때, 각 ㉠의 크기를 구하시오.

○ Key Point

각 ㉠과 크기가 같은 각 을 모두 찾습니다.

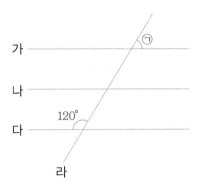

2 직선 가와 나는 서로 평행이고 직선 다와 라는 한 점에서 만날 때, 각 ㉠의 크기를 구하시오.

평행선이 한 직선과 만 날 때, 동위각과 엇각의 크기는 서로 같습니다.

정사각형 ㄱㄴㄷㄹ은 크기가 같은 정사각형 4개를 붙여 만든 도형입니다. 각 ㉠과 각 ㉡의 크기의 합을 구하시오.

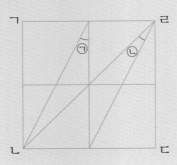

1 각 ㉠과 크기가 같은 각을 모두 찾아 표시하시오.

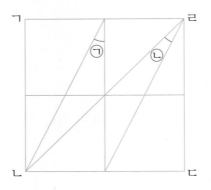

2 1에서 구한 각을 이용하여 각 ㉠과 각 ㉡의 크기의 합을 구하시오.

1 정사각형 ㄱㄴㄷㄹ은 크기가 같은 4개의 작은 정사각형을 변끼리 이어 붙여 만든 도형입니다. 점 ㄱ에서 출발한 빛이 점 ㅇ에서 반사하여 점 ㄹ로 향할 때, 표시된 두 각의 크기의 합은 몇 도입니까?

° **Key Point**

입사각와 반사각의 크기는 같습니다.

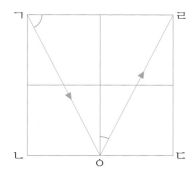

2 크기가 같은 정사각형 2개를 변끼리 이어 붙인 다음, 그림과 같이 3개의 선분을 그었을 때, 각 ㉠의 크기는 몇 도입니까?

정사각형을 대각선을 따라 나누면 모양과 크기가 같은 두 개의 삼각형으로 나누어집니다.

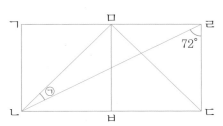

1 다음 그림에서 직선 가와 나, 직선 다와 라는 각각 서로 평행합니다. 각 ㉠의 크기는 몇 도입니까?

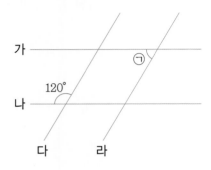

2 직선 가와 나가 서로 평행하고, 직선 다와 라는 직선 가와 한 점에서 만날 때, 각 ㉠의 크기는 몇 도입니까?

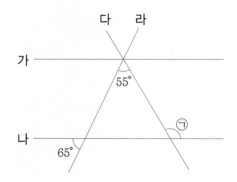

3 수직으로 놓인 2개의 거울에 다음과 같이 레이저를 쏘았습니다. 각 ㉠의 크기는 몇 도입니까?

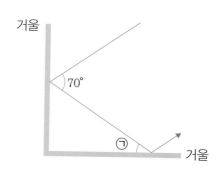

4 다음 그림은 크기가 같은 정사각형 3개를 변끼리 이어 붙인 모양에 두 개의 선분을 그은 것입니다. 표시된 두 각의 크기의 합은 몇 도입니까?

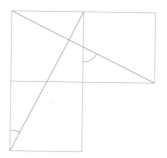

08 테셀레이션

다각형의 내각의 크기의 합

① 삼각형의 한 꼭짓점을 지나면서 밑변과 평행한 선을 하나 그었을 때, 평행선에서 동위각과 엇각의 크기가 같음을 이용하면 삼각형의 내각의 크기의 합이 180°임을 알 수 있습니다.

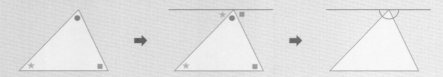

② 삼각형의 내각의 크기의 합을 이용하여 다각형의 내각의 크기의 합을 구하면 다음과 같습니다.

도형	 삼각형	 사각형	 오각형	 육각형
삼각형의 개수	1개	2개	3개	4개
내각의 합	180°	360°	540°	720°

따라서, ☐각형의 내각의 크기의 합은 (☐−2)×180°입니다.

예제 다음 정팔각형의 한 각의 크기는 몇 도입니까?

강의노트

① 정팔각형은 ☐개의 삼각형으로 나눌 수 있습니다.

② 삼각형의 내각의 크기의 합은 ☐이므로 ☐개의 삼각형으로 이루어진 팔각형의 내각의 크기의 합은 ☐×☐=☐입니다.

③ 팔각형의 내각의 크기의 합은 ☐이고, 정팔각형은 내각의 크기가 모두 같으므로 한 각의 크기는 ☐÷☐=☐입니다.

테셀레이션

일정한 형태의 모양을 이용하여 겹치거나 남는 부분 없이 평면을 완전하게 채우는 것을 테셀레이션이라고 합니다.

예제   다음 중 테셀레이션이 가능한 도형을 모두 고르시오.

강의노트

① 원을 겹치지 않게 바닥깔기를 하면 빈틈이 생깁니다. 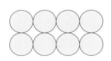	② 정삼각형은 한 내각의 크기가 ☐ 이므로 한 점에서 ☐ 개의 꼭짓점이 만나도록 이어 붙이면 빈틈없이 바닥을 깔 수 있습니다. 
③ 정사각형은 한 각의 크기가 ☐ 이므로 한 점에서 ☐ 개의 꼭짓점이 만나도록 이어 붙이면 빈틈없이 바닥을 깔 수 있습니다. 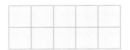	④ 정오각형은 한 각의 크기가 ☐ 이므로 한 점에서 3개의 꼭짓점이 만나도록 이어 붙이면 남는 부분이 생기고, ☐ 개의 꼭짓점을 이어 붙이면 겹치게 됩니다.
⑤ 정육각형은 한 각의 크기가 ☐ 이므로 한 점에서 ☐ 개의 꼭짓점이 만나도록 이어 붙이면 빈틈없이 바닥을 깔 수 있습니다. 	⑥ 정팔각형은 한 각의 크기가 ☐ 이므로 한 점에서 2개의 꼭짓점이 만나도록 이어 붙이면 남는 부분이 생기고, 3개의 꼭짓점을 이어 붙이면 겹치게 됩니다.

다음은 정오각형과 정육각형을 이어 붙여서 만든 도형입니다. 각 ㉠의 크기를 구하시오.

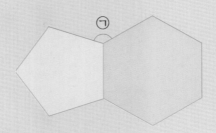

1 오각형의 내각의 크기의 합은 몇 도입니까?

2 정오각형의 한 각의 크기는 몇 도입니까?

3 육각형의 내각의 크기의 합은 몇 도입니까?

4 정육각형의 한 각의 크기는 몇 도입니까?

5 각 ㉠의 크기를 구하시오.

1 다음 정십각형의 한 각의 크기는 몇 도입니까?

○ Key **Point**

정십각형을 삼각형으로
나누어 봅니다.

2 다음은 정육각형과 정사각형을 이어 붙여서 만든 도형입니다.
각 ㉠의 크기는 몇 도입니까?

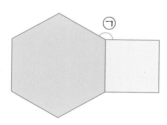

360°에서 정육각형의
한 각의 크기와
정사각형의 한 각의
크기를 뺍니다.

유형 08-2 타일 붙이기

다음과 같이 똑같은 사다리꼴을 변끼리 이어 붙여서 동그란 모양을 만들려고 합니다. 필요한 사다리꼴의 개수를 구하시오.

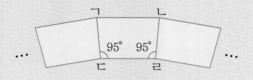

1 다음과 같이 이어 붙인 사다리꼴의 두 변을 길게 늘렸을 때, 각 ㄱㅇㄴ의 크기는 몇 도입니까?

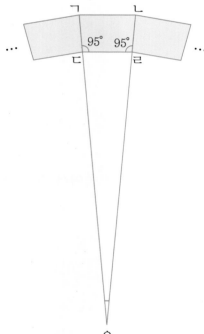

2 **1**에서 점 ㅇ에 모인 각은 모두 몇 개입니까?

3 필요한 사다리꼴의 개수를 구하시오.

4 다음과 같이 똑같은 사다리꼴을 변끼리 이어 붙여서 동그란 모양을 만들려고 할 때, 필요한 사다리꼴의 개수를 구하시오.

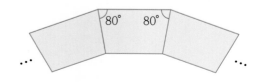

1 크기와 모양이 같은 사다리꼴 9개를 다음과 같이 이어 붙여서 동그란 모양을 만들 때, 각 ㉠의 크기는 몇 도입니까?

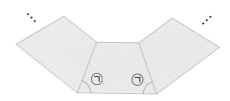

2 다음 중 테셀레이션이 가능한 도형을 모두 고르시오.

①    ②   ③

④ 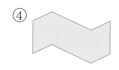   ⑤

1 다음 그림에서 표시된 각의 크기의 합은 몇 도입니까?

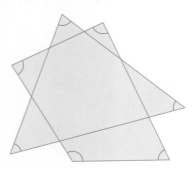

2 다음 중 테셀레이션이 가능한 도형을 모두 고르시오.

①    ②   ③

④    ⑤

3 다음은 정오각형, 정삼각형, 정사각형을 이어 붙여서 만든 도형입니다. 각 ㉠의 크기는 몇 도입니까?

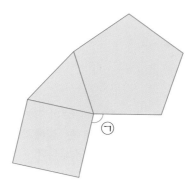

4 다음과 같이 정오각형의 두 변을 늘려서 삼각형 ㅂㄱㅁ을 만들 때, 각 ㄱㅂㅁ의 크기는 몇 도입니까?

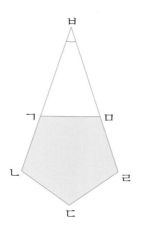

개념학습 **색종이로 접은 정삼각형**

다음은 색종이로 정삼각형을 접는 방법입니다.

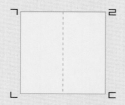

① 색종이를 반으로 접었다 폅니다.

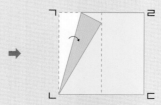

② 꼭짓점 ㄱ, ㄹ이 접힌 선 위의 한 점에서 만나도록 접습니다.

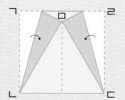

③ 삼각형 ㅁㄴㄷ은 정삼각형입니다.

예제 정사각형 ㄱㄴㄷㄹ을 그림과 같이 접어 만든 삼각형 ㅁㄴㄷ이 정삼각형인 이유를 설명하시오.

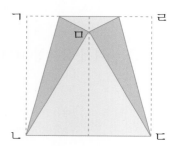

강의노트

① 사각형 ㄱㄴㄷㄹ은 정사각형이므로 변 ㄱㄴ, 변 ㄴㄷ, 변 ㄷㄹ의 길이가 모두 같습니다.

② 변 ㄱㄴ을 접으면 변 ㅁㄴ과 겹치고, 변 ㄹㄷ을 접으면 변 ㅁㄷ과 겹치므로 변 ㄱㄴ과 변 [　]의 길이, 변 ㄹㄷ과 변 [　]의 길이는 서로 같습니다.

③ 따라서 변 ㅁㄴ, 변 ㄴㄷ, 변 [　]의 길이가 모두 같으므로 삼각형 ㅁㄴㄷ은 [　]입니다.

○ Key Point

1 그림과 같이 정사각형을 한 번 접었을 때, 각 ㄱㅁㅂ의 크기는 몇 도입니까?

접은 삼각형은 펼쳤을 때의 삼각형과 크기와 모양이 같습니다.

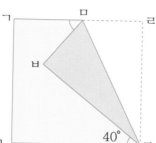

2 직사각형 모양의 종이를 그림과 같이 두 번 접어서 선분 ㄴㅇ과 ㄷㅇ이 만나도록 할 때, 각 ㉠의 크기는 몇 도입니까?

접은 각의 크기는 펼쳤을 때의 각의 크기와 같습니다.

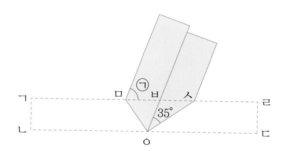

1 정육각형 모양의 종이를 한 번 접어서 다음과 같은 모양을 만들었습니다. 각 ㉠의 크기는 몇 도입니까?

2 다음은 직사각형 모양의 종이를 한 번 접어 만든 모양입니다. 각 ㄴㄱㅁ의 크기는 몇 도입니까?

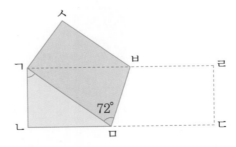

3 직사각형 모양의 종이를 다음과 같이 접었을 때, 각 ㉠의 크기는 몇 도입니까?

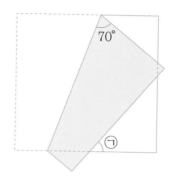

4 정삼각형 모양의 종이를 두 번 접어 다음과 같이 배 모양을 만들었습니다. 각 ㉠의 크기는 몇 도입니까?

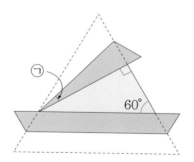

Memo

IX 경우의 수

10 한붓그리기

개념학습 **한붓그리기**

① 어떤 도형이 있을 때, 그 도형의 한 점에서 출발하여 연필을 종이에서 떼지 않고 중복되지 않게 도형의 모든 부분을 그리는 것을 한붓그리기 라고 합니다.

② 도형에서 한 점에 연결된 선의 개수가 홀수 개일 때 그 점을 홀수점, 짝수 개일 때 그 점을 짝수점이라 합니다.
한붓그리기가 가능한 도형은 홀수점의 개수가 0개 또는 2개입니다.

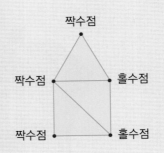

예제 다음 중 한붓그리기가 가능한 도형을 모두 찾아보시오.

① 　② 　③ 　④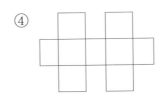

강의노트

① 홀수점이 모두 ☐ 개이므로 한붓그리기가 (가능, 불가능) 합니다.

② 홀수점이 ☐ 개이므로 한붓그리기가 (가능, 불가능) 합니다.
　홀수점이 2개일 때는 홀수점에서 시작하여 다른 홀수점에서 끝납니다.

③ 홀수점이 ☐ 개이므로 한붓그리기가 (가능, 불가능) 합니다.

④ 홀수점이 ☐ 개이므로 한붓그리기가 (가능, 불가능) 합니다.

유제 다음 도형의 홀수점의 개수를 구하고, 한붓그리기가 가능한지 알아보시오.

개념학습 **쾨니히스베르크의 다리**

18세기 독일의 쾨니히스베르크에는 프레겔 강을 가로지르는 7개의 다리로 된 산책로가 있었습니다. 시민들 사이에서는 산책로를 따라갈 때, '7개의 다리를 한 번씩만 건너서 출발한 지점으로 돌아올 수 있는 길이 없을까?' 라는 문제가 자주 이야깃거리가 되었는데, 이 문제를 쾨니히스베르크의 다리 문제라고 합니다.

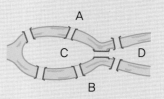

이 문제를 수학적으로 해결한 사람이 독일의 수학자 오일러입니다. 그래서 모든 길을 정확히 한 번씩만 지날 수 있는 경로를 오일러 길이라고 합니다.

예제 다음은 쾨니히스베르크의 다리입니다. 7개의 다리를 한 번씩만 건너서 출발한 지점으로 돌아올 수 있는지 알아보시오.

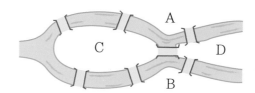

강의노트

① 쾨니히스베르크의 문제는 한붓그리기 문제로 바꿀 수 있습니다. 나누어진 지역을 점으로, 다리를 선으로 나타내어 보면 다음과 같습니다.

A 지역은 C 지역과 2개의 다리, D 지역과 1개의 다리로 연결되어 있습니다.

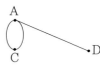

C 지역은 B 지역과 2개의 다리, D 지역과 1개의 다리로 연결되어 있습니다.

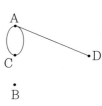

B 지역은 D 지역과 1개의 다리로 연결되어 있습니다.

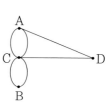

② ①의 그림에서 홀수점은 ☐ 개이므로 한붓그리기가 (가능, 불가능) 합니다.

③ 따라서 7개의 다리를 한 번씩만 건너서 출발한 지점으로 돌아올 수 없습니다.

유형 10-1 한붓그리기의 활용

다음은 한붓그리기가 불가능한 도형입니다. 최소한의 선을 그어 한붓그리기가 가능한 도형으로 바꾸어 보시오.

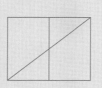 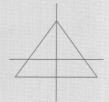 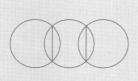

1 한붓그리기가 가능하도록 하려면 홀수점이 몇 개가 되어야 합니까?

2 각 도형에서 홀수점을 찾아 표시하고, 그 개수를 구하시오.

  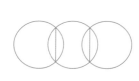

3 최소한의 선을 그어 한붓그리기가 가능한 도형으로 바꾸시오.

 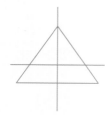 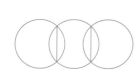

1 다음 도형에서 하나의 선분을 지워 한붓그리기가 가능하게 만드시오.

○ **Key Point**

홀수점이 0개 또는 2개가 되도록 만듭니다.

2 다음 중 한붓그리기가 가능한 도형을 찾아 그 경로를 그려 보시오.

홀수점이 0개 또는 2개일 때 한붓그리기가 가능합니다.

 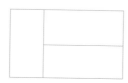 

다음은 어느 식물원의 평면도입니다. 입구로 들어가서 모든 문을 한 번씩만 통과하여 출구로 나올 수 있도록 입구와 출구의 위치를 그려 넣으시오.

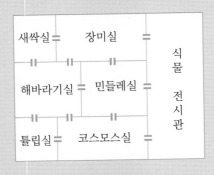

1 주어진 그림에서 각 전시실은 점으로, 문은 선으로 나타내어 보시오.

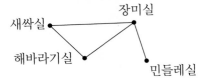

2 모든 문을 한 번씩만 통과하려면 어느 전시실에서 출발하여 어느 전시실로 도착하여야 하는지 알아보시오.

3 조건에 맞게 입구와 출구를 그려 넣으시오.

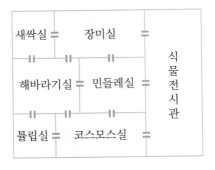

확인문제

○ **Key Point**

1 다음과 같은 모양의 방이 있습니다. 모든 문을 꼭 한 번씩 지나는 길을 그려 보시오.

모든 문을 빠뜨리지 않고 지나도록 그려 봅니다.

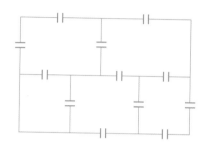

2 다음과 같은 구조로 된 미술관이 있습니다. 입구로 들어가서 모든 문을 한 번씩 지나 출구로 나오려면 어느 문을 없애야 합니까?

방은 점으로, 문은 선으로 나타내어 봅니다.

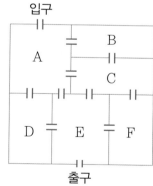

1 다음 도형의 한 점에서 출발하여 연필을 떼지 않고 모든 선을 한 번씩만 지나도록 그려 보시오.

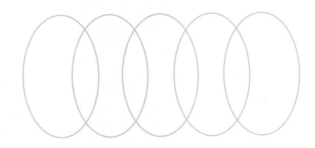

2 다음과 같이 가, 나, 다, 라, 마 마을 사이를 흐르는 강에 10개의 다리가 놓여 있습니다. 가 마을에 사는 사람이 모든 다리를 한 번씩만 지나 원래의 위치로 되돌아오는 방법을 그림에 나타내시오. 가능하지 않다면 최소한의 다리를 놓아 가능하도록 만들어 보시오.

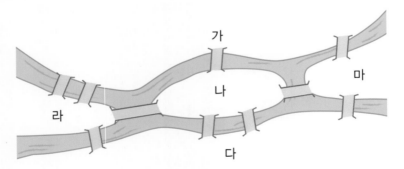

3 다음은 어느 전시관의 평면도입니다. 입구로 들어가서 모든 문을 한 번씩 지나 출구로 나오는 방법을 그려 보시오.

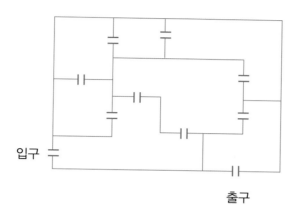

4 어느 공원 앞에 다음과 같은 공원 안내도를 세우려고 합니다. 모든 길을 한 번씩만 지나면서 공원을 모두 볼 수 있도록 하기 위해서는 들어가는 문과 나오는 문을 어디에 설치하여야 합니까?

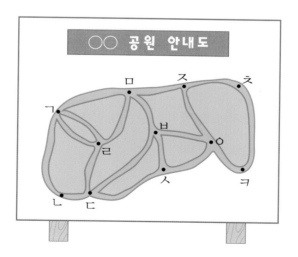

최단 경로의 가짓수

개념학습 길의 가짓수 구하기

① 가 도시에서 나 도시로 갈 때 기찻길이 3가지 있고 자동차
   길이 2가지 있으므로 가 도시에서 나 도시로 가는 방법은
   모두 3+2=5(가지)입니다.
② 가 도시에서 기차를 타고 나 도시로 간 다음, 자동차를 타고
   가 도시로 돌아오는 방법은 3×2=6(가지)입니다.

예제 지웅이는 색깔이 다른 티셔츠 4벌과 바지 3벌을 가지고 있습니다. 지웅이가 옷을 다르
게 입는 방법은 모두 몇 가지입니까? 또, 지웅이는 가지고 있는 옷 중 하나를 친구에게
주려고 할 때, 몇 가지 방법이 있습니까?

강의노트

① 티셔츠를 입는 방법은 ☐ 가지이고, 각각의 티셔츠를 입을 때마다 ☐ 가지의 바지를 입을 수

있으므로, 지웅이가 옷을 다르게 입는 방법은 4×☐=☐(가지)입니다.

② 티셔츠를 주는 방법은 4가지이고, 바지를 주는 방법은 ☐ 가지이므로 옷 하나를 주는 방법은

4+☐=☐(가지)입니다.

유제 A에서 B를 거쳐 C까지 가는 방법은 모두 몇 가지입니까?

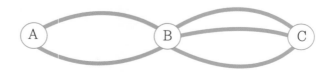

개념학습   최단 경로의 가짓수

① 주어진 길에서 가장 빨리 갈 수 있는 길을 최단 경로라고 합니다.
오른쪽 그림에서 A에서 B까지 최단 경로로 가려면 오른쪽 또는
아래쪽으로만 가면 됩니다.

② A에서 B까지 가는 최단 경로의 가짓수를 구할 때에는 길의 가짓수가 오른쪽 또는 아래쪽에
1가지뿐인 곳에 1을 써넣은 다음, 각 교차점에 왼쪽에서 오는 길의 가짓수와 위에서 오는
길의 가짓수를 더해 나갑니다.

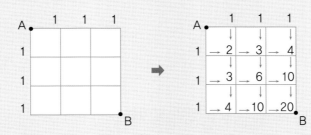

예제   A에서 B를 거쳐 C로 가는 가장 짧은 길은 모두 몇 가지입니까?

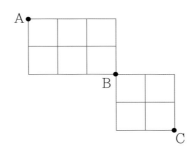

강의노트

① A에서 B까지 가는 최단 경로의 가짓수는 [ ]가지입니다.

② B에서 C까지 가는 최단 경로의 가짓수는 [ ]가지입니다.

③ A에서 B를 거쳐 C로 가는 가장 짧은 길은

[ ] × [ ] = [ ] (가지)입니다.

유형 11-1   원통에서의 최단 경로

개미가 크기가 같은 4개의 원통의 둘레를 따라 꿀단지까지 가는 최단 경로의 가짓수를 구하시오.

1 원의 둘레의 길이가 1일 때, 색칠된 선의 길이는 얼마입니까?

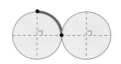

2 원의 둘레의 길이가 1일 때, 개미가 꿀단지까지 가는 가장 짧은 길의 길이를 구하시오.

3 원통의 둘레를 따라 가는 가장 짧은 길을 모두 그려 보고, 그 길의 가짓수를 구하시오.

(1) 개미가 왼쪽 방향으로 출발하는 경우

(2) 개미가 오른쪽 방향으로 출발하는 경우

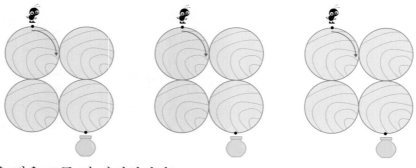

(3) 가장 짧은 길은 모두 몇 가지입니까?

° Key **Point**

윤아네 집에서 버스를 타고 이모네 집에 들렀다가 할아버지 댁으로 가는 방법은 3가지입니다.

1 윤아는 이모네 집에 들러 선물을 가지고 할아버지 댁에 가려고 합니다. 윤아네 집에서 이모네 집까지 가는 길은 버스, 택시, 자전거로 가는 세 가지 방법이 있고, 이모네 집에서 할아버지 댁까지 가는 길은 버스, 택시, 걸어서 가는 세 가지 방법이 있습니다. 윤아가 이모네 집에 들렀다가 할아버지 댁으로 가는 서로 다른 방법은 모두 몇 가지입니까?

2 다음과 같이 통나무를 세워 놓았습니다. 개미가 통나무의 둘레를 따라 꿀단지까지 가는 가장 짧은 길은 모두 몇 가지입니까?

B에서 C까지 가는 방법은 2가지입니다.

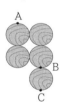

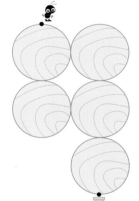

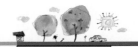

유형 11-2 교실에서의 최단 경로

오른쪽은 준수네 반의 책상 배치도입니다. 출입문 앞에 있던 준수가 창문에 기대어 있는 재희에게 수학 문제를 물어 보러 가려고 합니다. 준수가 재희에게 가는 가장 짧은 길은 모두 몇 가지입니까?

1 준수가 지나갈 수 있는 길을 모두 선으로 나타내어 보시오.

2 **1**에서 완성된 그림을 이용하여 가장 짧은 길의 가짓수를 구하시오.

3 A에서 B를 거쳐 C로 가는 가장 짧은 길은 모두 몇 가지입니까?

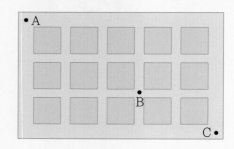

○ Key **Point**

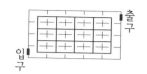

1 다음과 같은 미로의 입구로 들어가서 가장 짧은 길을 걸어 출구에 도착하는 방법은 모두 몇 가지입니까?

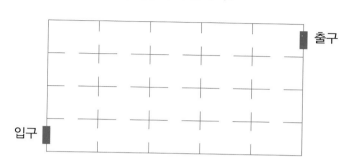

2 그림 가는 어느 실험실의 책상 배치도입니다. 이 실험실의 책상 2개를 이어 붙여 그림 나와 같은 배치로 바꾸었습니다. 두 가지 배치도의 출입문에서 A 지점까지 가는 가장 짧은 길은 각각 몇 가지인지 구하시오.

지날 수 있는 길을 선으로 나타내어 봅니다.

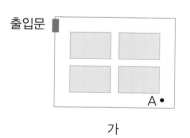

가

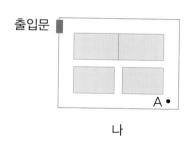

나

1 A에서 C까지 가는 서로 다른 길은 모두 몇 가지입니까?

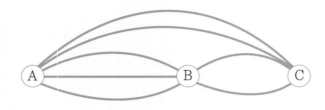

2 가 마을에서 다리를 지나 나 마을까지 선을 따라 갈 수 있는 최단 경로의 가짓수를 구하시오.

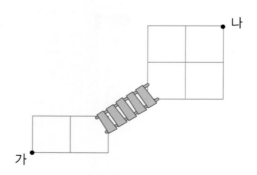

3 A에서 B까지 가는 가장 짧은 길을 모두 그려 보시오.

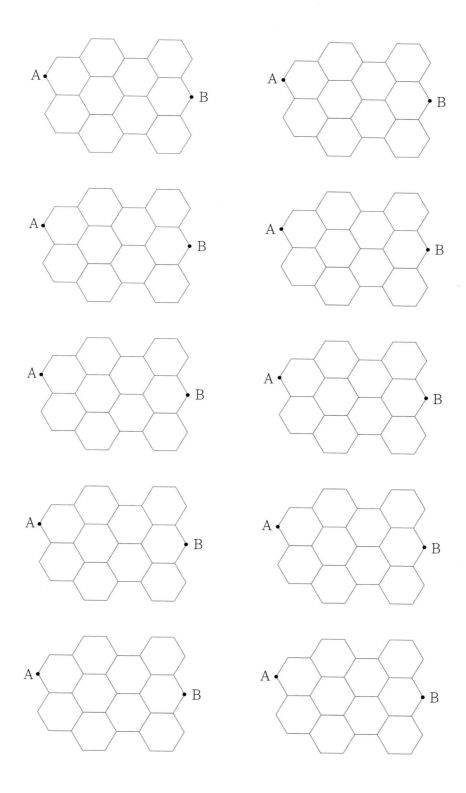

12 리그와 토너먼트

리그와 토너먼트

① 리그 방식은 경기에 참가한 팀 모두가 다른 모든 팀들과 한 번씩
경기를 한 다음, 그 경기 결과로 1위를 가리는 방법입니다.
□개의 팀이 참가한 경우, 각 팀은 (□−1)개 팀과 각각 경기를 하고,
한 경기에 두 팀이 참가하므로 경기 수는 □×(□−1)÷2(번)입니다.

② 토너먼트 방식은 두 팀씩 경기를 하여 진 팀은 탈락하고 이긴
팀끼리 다시 경기를 하여 1위를 가리는 방법입니다.
토너먼트 방식으로 경기를 할 때에는 한 경기마다 한 팀씩 탈락하므로
□개의 팀이 참가한 경우, 경기 수는 (□−1)번입니다.

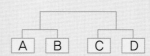

[예제] A, B, C, D, E 다섯 개의 배구팀이 체육관에서 경기를 하려고 합니다. 그런데 이 체육
관에서는 하루에 한 번씩만 경기를 할 수 있다고 합니다. 리그 또는 토너먼트 방식으로
우승을 가린다면, 두 방식으로 우승을 가리는 데 각각 며칠씩 걸리겠습니까?

강의노트

① 리그 방식으로 경기를 할 때, 5개 팀은 각각 자신을 제외한 나머지 [ ]개 팀과 경기를 하고,

각 경기마다 두 팀이 참가하므로 경기 수는 5×[ ]÷[ ]=[ ](경기)입니다.

따라서 [ ]일 걸립니다.

② 토너먼트 방식으로 할 때, 경기를 한 번 할 때마다 [ ]팀씩 탈락하고 마지막에 한 팀이 남으므로

경기 수는 5−[ ]=[ ](경기)입니다.

따라서 [ ]일 걸립니다.

[유제] 6명의 선수가 배드민턴 경기를 하여 우승을 가리려고 합니다. 리그 방식으로 했을 때
와 토너먼트 방식으로 했을 때의 경기 수의 차를 구하시오.

개념학습 **승패와 승점**

① 무승부 없이 승패를 정하는 경기를 여러 번 하였을 때, 한 경기에서 반드시 한 팀은 이기고 다른 한 팀은 지므로 (전체 경기의 수)=(이긴 경기의 수의 합)=(진 경기의 수의 합)입니다.

② 경기의 결과에 따라 부여되는 점수를 승점이라고 합니다.
경기에서 이기면 2점, 비기면 1점, 지면 0점을 받는다고 할 때 한 경기에서 생기는 승점은 2점입니다. (비기는 경우에도 각 팀이 1점씩 받으므로 2점입니다.)

예제 가, 나, 다, 라 네 명이 리그전으로 팔씨름을 하였습니다. 이기면 2점, 비기면 1점을 얻고, 지면 점수를 얻지 못합니다. 시합 결과 가는 3점, 나는 1점, 다는 3점을 받았습니다. 라는 몇 승 몇 무 몇 패인지 구하시오.

강의노트

① 4명이 리그전으로 팔씨름을 하였으므로 총 경기 수는 ☐ × ☐ ÷2=☐ (경기)입니다.

② 한 경기마다 생기는 승점은 ☐ 점이므로 6경기를 모두 마쳤을 때의 승점의 합은 ☐ 점입니다.

③ 시합 결과 가, 나, 다의 승점의 합은 3+1+3=7(점)이므로 라의 승점은 ☐ 점입니다.

④ 라는 ☐ 경기를 하였으므로 라의 성적은 ☐ 승 ☐ 무 ☐ 패입니다.

유제 대한민국, 일본, 미국, 쿠바, 중국이 리그전으로 야구 경기를 하였습니다. 각 나라의 승패가 다음과 같을 때, 대한민국의 승패를 구하시오.

일본	미국	쿠바	중국
0승 4패	3승 1패	1승 3패	2승 2패

유형 12-1 리그와 토너먼트

프랑스, 영국, 일본, 한국, 호주 다섯 나라의 축구팀이 다음과 같은 토너먼트 방식에 따라 경기를 하였습니다. 경기 결과를 보고, 한국, 일본, 호주 팀은 각각 몇 번씩 경기를 하였는지 구하시오.

> 경기 결과
> • 프랑스팀은 작년 우승팀이기 때문에 마지막에 한 번만 경기를 하였습니다.
> • 영국팀은 2번 경기를 하였는데, 한 번은 한국팀에게 졌습니다.

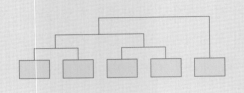

1 프랑스팀은 마지막에 한 번만 경기를 하였습니다. 다음 대진표의 ☐ 안에 프랑스의 위치를 찾아 써넣으시오.

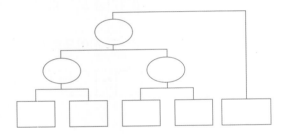

2 영국팀은 경기를 2번 하였고, 이 중 한 번은 한국팀에게 졌습니다. **1** 에서 한국과 영국의 위치를 찾아 써넣으시오.

3 조건에 맞게 **1** 의 대진표를 완성하시오.

4 한국, 일본, 호주 팀은 각각 경기를 몇 번씩 하였습니까?

° **Key Point**

C 팀이 들어갈 수 있는 위치를 먼저 찾아봅니다.

1 다음은 A, B, C, D, E 다섯 팀이 토너먼트 방식으로 경기를 진행한 대진표입니다. 경기 결과가 다음과 같은 때, ①, ②, ③, ④, ⑤ 중 E 팀이 들어갈 수 있는 위치를 모두 고르시오.

> **경기 결과**
> • A 팀과 C 팀은 결승전에서 경기를 하였습니다.
> • C 팀은 세 번 경기를 하였습니다.
> • E 팀은 C 팀에게 졌습니다.

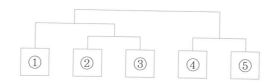

2 학생 회의에 각 반 대표가 한 명씩 모두 12명이 참석했습니다. 12명이 서로 한 번씩 빠짐없이 악수를 하였다면, 12명의 학생들이 한 악수는 모두 몇 번입니까?

한 사람은 나머지 사람과 11번 악수를 합니다.

월드컵에서 한국은 우승을 목표로 하고 있습니다. 월드컵의 경기 방식이 다음과 같을 때, 우리나라는 몇 번 경기를 해야 우승할 수 있습니까?

> • 32개 국이 8개 조로 나뉘어 리그전으로 예선을 하고, 각 조의 1, 2위가 본선에 진출합니다.
> • 본선에서는 토너먼트 방식으로 우승을 결정합니다.
> • 준결승전에서 진 두 나라는 3, 4위전을 합니다.

1 예선전에서 한 개의 나라가 몇 경기를 합니까?

2 본선에 오른 나라는 몇 개 나라입니까?

3 본선에서 우승하려면 몇 경기를 해야 합니까?

4 우리나라가 월드컵에서 우승하기 위해 치러야 할 경기 수를 구하시오.

1 학교에서 단어 암기왕 대회를 열었더니 30명의 학생이 참가하였습니다. 다음과 같은 방법으로 우승자를 가릴 때, 전체 경기 수를 구하시오.

○ **Key Point**

한 조에서 $(10 \times 9 \div 2)$번의 예선전이 이루어집니다.

> • 학생들을 10명씩 3개 조로 나누어 조별 예선을 합니다.
> • 조별 예선에서는 리그 방식으로 겨루어 승점이 높은 학생을 선발합니다.
> • 각 조의 1위부터 3위까지 본선에 진출합니다.
> • 본선에서는 진 사람이 탈락하는 토너먼트 방식으로 우승자를 가립니다.

2 A, B, C, D 네 명이 리그전으로 경기를 하였습니다. 시합 결과가 다음과 같을 때, D는 몇 승 몇 패인지 구하시오.

무승부가 없을 때에는
(전체 경기 수)
=(이긴 경기 수의 합)
=(진 경기 수의 합)
입니다.

> A: 2승 1패
> B: 0승 3패
> C: 2승 1패

1 정수, 정욱, 영아, 소영이가 리그전으로 배드민턴 시합을 하였습니다. 시합 결과 정수는 1승 1무 1패, 정욱이는 3패, 영아는 2승 1패일 때, 소영이는 몇 승 몇 무 몇 패입니까?

2 미술반 아이들이 짝꿍을 정하기 전에 짝이 될 수 있는 경우를 스케치북에 모두 적었습니다. 이름을 적은 스케치북이 모두 21장이라면, 미술반 아이들은 모두 몇 명입니까?

| 수현, 민지 | 수현, 지석 | 수현, 미진 | … | 민기, 혜인 | 슬기, 진수 |

3 A, B, C, D 4개의 야구팀이 리그 방식으로 경기를 하였습니다. A 팀은 모든 경기에서 이기고, B 팀은 모든 경기에서 졌다고 합니다. D 팀이 C 팀에게 졌다면, C 팀과 D 팀은 각각 몇 승 몇 패입니까?

4 3명씩 한 팀으로 출전하는 카누 대회의 본선에 6개 팀이 진출하였습니다. 먼저 각 팀의 대표 선수가 한 명씩 나와 다른 팀의 대표 선수들과 모두 한 번씩 악수를 하였고, 남은 선수들끼리도 다른 팀의 선수들과 모두 한 번씩 악수를 하였습니다. 같은 팀 선수끼리는 악수를 하지 않았다면, 선수들이 나눈 악수는 모두 몇 회입니까?

X 규칙과 문제해결력

규칙과 문제해결력

13 우기기

개념학습 **학구산**

학과 거북의 머리 수와 다리 수가 주어질 때 학과 거북의 수를 각각 구하는 문제를 학구산이라 합니다.
이는 고대 중국의 수학책인 [구장산술]에 소개되었던 것으로, 학구산과 관련된 문제는 표나 그림을 이용하면 좀 더 쉽게 해결할 수 있습니다.

머리가 5개,
다리가 12개이면
학과 거북은 각각 몇 마리일까?

예제 운동장에 두발자전거와 세발자전거가 모두 6대 있습니다. 두발자전거와 세발자전거의 바퀴 수의 합이 15개일 때, 두발자전거와 세발자전거는 각각 몇 대입니까?

강의노트

① 6대의 자전거를 모두 두발자전거라고 하면 바퀴는 모두 ☐개가 됩니다. 그런데 바퀴가 모두 15개라고 하였으므로 남은 3개의 바퀴를 그려 넣어 세발자전거가 되도록 합니다.

따라서 두발자전거는 ☐대, 세발자전거는 ☐대입니다.

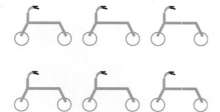 ➡

② 표를 이용하여 두발자전거와 세발자전거의 수를 구할 수 있습니다.

두발자전거와 세발자전거를 합하여 6대가 되도록 한 후, 각 경우의 바퀴 수를 구합니다. 이때, 바퀴 수가 15개인 경우를 찾으면 됩니다.

두발자전거(대)	0	1	2	3	4	5	6
세발자전거(대)	6	5	4	3	2	1	0
전체 바퀴 수(개)	18						12

따라서 두발자전거는 ☐대, 세발자전거는 ☐대입니다.

개념학습 **우기기**

학구산 문제는 우기기 방법으로 해결할 수 있습니다. 우기기 방법은 [구장산술]에서 학구산 문제를 해결한 방법과 같습니다. 학과 거북을 모두 학이라고 우긴 후, 남은 다리 수를 이용하여 학과 거북의 수를 구하는 것입니다.

예제 학과 거북을 합하여 모두 10마리가 있습니다. 학과 거북의 다리 수의 합이 26개일 때, 학은 모두 몇 마리입니까?

*강의노트

① 10마리 모두 학이라고 우기면 다리 수의 합은 10× ☐ = ☐ (개)입니다. 그러나 다리 수의 합이 26개이므로 26− ☐ = ☐ (개)의 다리가 남습니다.

② 남은 ☐ 개의 다리는 거북의 다리이고, 학 1마리가 거북으로 바뀔 때마다 다리가 2개씩 늘어나므로 거북은 ☐ ÷2= ☐ (마리)입니다.

③ 따라서 학은 10− ☐ = ☐ (마리)입니다.

유제 다리가 10개인 오징어와 다리가 8개인 문어가 모두 8마리 있습니다. 오징어와 문어의 다리가 모두 68개일 때, 오징어와 문어는 각각 몇 마리입니까?

다음 문제를 서로 다른 3가지 방법으로 해결하여 보시오.

> 식목일에 사랑초등학교 4학년 학생들과 선생님을 합하여 모두 10명이 산에 가서 나무를 심었습니다. 선생님은 나무를 3그루씩 심고, 학생은 2그루씩 심어서 모두 24그루를 심고 돌아왔습니다. 10명 중 학생은 모두 몇 명입니까?

1　그림을 그려서 해결하여 보시오.

2　표를 만들어 해결하여 보시오.

선생님 수(명)	1	2	3			⋯
학생 수(명)	9	8				⋯
심은 나무 수(그루)	21					⋯

3　10명 모두 선생님이라고 우겨서 해결하여 보시오.

○ **Key Point**

표를 만들어 해결해 봅니다.

1 승준이는 수학 경시대회에서 82점을 받았습니다. 기본 점수는 50점이고, 10문제를 풀어서 한 문제를 맞힐 때마다 5점씩 올라가고, 한 문제를 틀릴 때마다 4점씩 내려갑니다. 승준이가 맞힌 문제와 틀린 문제는 각각 몇 문제입니까?

모두 맑은 날이라고 우긴 후 문제를 해결해 봅니다.

2 희영이는 매일 산에 올라가 밤을 따서 모았습니다. 맑은 날에는 하루에 25개씩 따고, 비가 오는 날에는 하루에 13개씩 따서 10일 동안 모두 214개를 모았습니다. 10일 중 맑은 날은 며칠입니까?

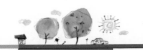

유형 13-2 깨뜨린 거울의 개수

봉균이는 거울 공장에서 상점으로 거울을 옮기는 일을 합니다. 거울을 1개 옮길 때마다 1000원을 받기로 하였는데, 만약 거울을 깨뜨리면 돈을 받는 대신에 거울 1개에 1500원씩 물어내야 합니다. 봉균이가 거울 40개를 나르고 난 후 20000원을 받았다면, 봉균이가 깨뜨린 거울은 몇 개입니까?

1 거울 40개를 하나도 깨뜨리지 않고 옮겼다고 우기면 돈을 얼마나 받아야 합니까?

2 하나도 깨뜨리지 않았을 때 받을 돈과 실제 받은 돈과의 차는 얼마입니까?

3 거울 한 개를 깰 때마다 받아야 할 1000원 대신 오히려 1500원을 물어내야 합니다. 거울 한 개를 깨뜨렸을 때 받는 돈은 거울을 하나도 깨뜨리지 않았다고 우겼을 때 받는 돈보다 얼마가 적습니까?

4 **2**와 **3**을 이용하여 봉균이가 깨뜨린 거울이 몇 개인지 구하시오.

5 같은 공장에서 거울 30개를 나른 기덕이는 17500원을 받았습니다. 기덕이가 깨뜨린 거울은 몇 개입니까?

확인문제

1 희수가 다트 게임을 합니다. 기본 점수 100점에서 시작하여 다트를 과녁에 맞힐 때마다 20점씩 올라가고, 맞히지 못하면 15점씩 내려갑니다. 15번 던져서 260점을 얻었다면, 희수가 다트를 과녁에 맞힌 것은 모두 몇 번입니까?

다트를 15번 던져서 과녁에 모두 맞혔다고 우긴 후, 문제를 해결해 봅니다.

2 지은이는 식당에서 접시를 닦는 일을 하였습니다. 접시를 1개 닦을 때마다 500원씩 받기로 하였는데, 만약 접시 1개를 깨뜨리면 돈을 받는 대신에 1200원을 물어내야 합니다. 어느 날 접시를 120장 닦았는데, 51500원을 받았습니다. 지은이가 깨뜨린 접시는 모두 몇 개입니까?

120장을 모두 깨뜨리지 않고 닦았다고 우긴 후, 문제를 해결해 봅니다.

1 개미와 거미가 숨바꼭질을 합니다. 숨어 있는 개미와 거미의 머리 수를 세어 보니 12개이고, 개미와 거미가 신고 있는 신발의 수를 세어 보니 82개입니다. 개미와 거미는 각각 몇 마리입니까?

2 A 미술관의 입장료는 어른이 1500원이고, 어린이는 어른의 반값이라고 합니다. 어느 날 관람객 20명이 24000원을 내고 입장하였다면, 입장한 사람 중 어른은 몇 명입니까?

3 어느 농장에서 닭과 돼지를 기르고 있습니다. 닭이 돼지보다 11마리 많고, 닭의 다리가 돼지의 다리보다 14개 많다면, 닭과 돼지는 각각 몇 마리입니까?

4 체육관에 5인용 의자와 3인용 의자가 모두 15개 놓여 있습니다. 54명의 학생들이 의자에 빈자리 없이 채워 앉았더니 마지막 남은 5인용 의자 한 개에는 2명만 앉게 되었습니다. 5인용 의자와 3인용 의자는 각각 몇 개씩 있습니까?

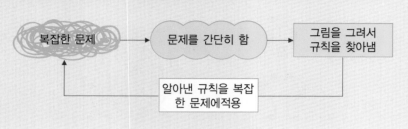

간단히 하여 풀기

복잡한 문제를 해결하기 위해서 문제를 간단히 하여 조건에 맞는 그림을 그린 후 규칙을 찾아내고, 그 규칙을 원래의 문제에 적용하여 해결하는 방법을 간단히 하여 풀기라고 합니다.

복잡한 문제 → 문제를 간단히 함 → 그림을 그려서 규칙을 찾아냄

알아낸 규칙을 복잡한 문제에 적용

예제 학생들이 일정한 간격으로 둘러서서 원 모양을 만들었습니다. 1번부터 차례대로 번호를 붙일 때, 13번 학생과 30번 학생이 마주 보고 서 있습니다. 서 있는 학생은 모두 몇 명입니까?

강의노트

① 오른쪽 그림과 같이 4명의 학생들이 원 모양으로 서 있을 때, 마주 보는 두 학생의 번호의 차는 3-1=☐, 4-2=☐ 입니다.

② 오른쪽 그림과 같이 6명의 학생들이 원 모양으로 서 있을 때, 마주 보는 두 학생의 번호의 차는 6-3=☐, ☐-☐=☐, ☐-☐=☐ 입니다.

③ ①, ②에서 전체 학생 수는 마주 보는 두 학생의 번호의 차의 ☐ 배라는 규칙을 찾아낼 수 있습니다.

④ 따라서 13번과 30번 학생이 마주 보고 있을 때, 전체 학생 수는
(☐-☐)×☐=☐ (명)입니다.

유제 수아는 원 모양의 화단에 일정한 간격으로 꽃을 심어 화단 둘레를 예쁘게 꾸미려고 합니다. 8째 번 꽃과 21째 번 꽃이 마주 보게 꾸미려면 꽃을 모두 몇 송이 심어야 합니까?

개념학습 가로수와 통나무

가로수 심기, 통나무 자르기 문제는 간단히 하여 규칙을 찾아 해결하는 대표적인 문제로, 다음과 같은
규칙을 찾아낼 수 있습니다.

① 가로수 심기: 도로에 일정한 간격으로 가로수를 심을 때, 도로의
　　　　　　　시작과 끝에 가로수를 심어야 하므로
　　　　　　　　　　　(가로수의 수)=(간격의 수)+1

② 통나무 자르기: 일정한 간격으로 통나무를 자를 때, 시작과 끝은
　　　　　　　　자르지 않으므로
　　　　　　　　　　　(자른 횟수)=(도막의 수)−1

예제 길이가 80m인 도로의 양쪽에 처음부터 10m 간격으로 은행나무를 심은 후, 각각의
은행나무 사이에 5m 간격으로 사과나무를 심었습니다. 도로에 심은 은행나무와
사과나무는 각각 몇 그루입니까? (단, 종류가 다른 나무를 같은 위치에 심을 수 없습니다.)

강의노트

① 도로의 한쪽에 일정한 간격으로 나무를 심을 때 필요한 나무의 수는

(나무의 수)=(간격의 수)+ ▢ 입니다.

80m 도로에 10m 간격으로 은행나무를 심었으므로 간격의 수는 80÷10= ▢ (개)이고, 도로의

한쪽에 심은 은행나무의 수는 ▢ +1= ▢ (그루)입니다. 따라서 도로의 양쪽에 심은 은행나무

의 수는 ▢ ×2= ▢ (그루)입니다.

② 오른쪽 그림과 같이 은행나무 두 그루 사이에는 5m 간격으

로 ▢ 그루의 사과나무를 심을 수 있으므로 도로의 한쪽에

심은 사과나무는 간격의 수와 같은 ▢ 그루이고, 도로의

양쪽에 심은 사과나무는 ▢ ×2= ▢ (그루)입니다.

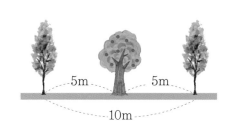

유제 통나무 한 개를 3도막으로 자르는 데 10분이 걸렸습니다. 같은 빠르기로 자른다고 할
때, 통나무 한 개를 9도막으로 자르는 데 걸리는 시간은 몇 분입니까?

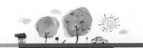

유형 14-1　간단히 하여 풀기

그림과 같이 정삼각형 모양의 땅의 둘레에 일정한 간격으로 꽃을 심었더니 한 변에 25송이씩 심어졌습니다. 이 꽃을 다시 정사각형 모양의 땅의 둘레에 일정한 간격으로 옮겨 심는다면, 정사각형 모양의 땅의 한 변에는 꽃이 몇 송이 심어지게 됩니까?

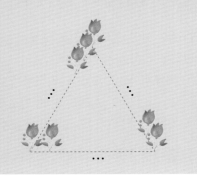

1 오른쪽과 같이 정삼각형 모양의 땅의 한 변에 꽃을 3송이씩 심었을 때, 땅의 둘레에 심어진 꽃의 수는 3×3=9(송이)가 아닙니다. 그 이유를 설명하시오.

2 다음은 정삼각형 모양의 땅의 한 변에 꽃을 각각 3송이, 4송이, 5송이씩 심은 그림입니다. 꽃을 각각 세 묶음으로 나누고, 땅의 둘레에 심어진 꽃의 수를 차례로 구하시오.

　　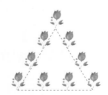　　

3 정삼각형 모양의 땅의 한 변에 심은 꽃이 25송이일 때, 땅의 둘레에 심어진 꽃은 모두 몇 송이입니까?

4 **3**에서 구한 꽃을 오른쪽과 같이 4묶음으로 똑같이 나누면 1묶음에는 몇 송이씩 놓이게 됩니까?

5 정사각형 모양의 땅의 한 변에 심어지는 꽃은 몇 송이입니까?

1 그림과 같이 바둑돌을 한 변에 6개씩 늘어놓아 정육각형을 만들었습니다. 이 바둑돌을 다시 정삼각형 모양으로 늘어놓는다면 정삼각형의 한 변에는 바둑돌이 몇 개 놓이게 됩니까?

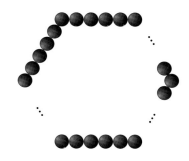

2 가로가 15cm인 테이프 12개를 그림과 같이 1cm씩 겹쳐서 이어 붙였습니다. 이 테이프의 전체 길이는 몇 cm입니까?

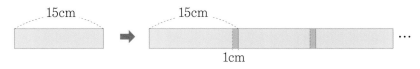

유형 14-2 | 통나무 자르기

길이가 5m인 통나무를 50cm 간격으로 자르려고 합니다. 한 번 자르는 데 4분이 걸리고, 한 번 자른 후에는 2분씩 쉰다고 합니다. 통나무를 모두 자르는 데 걸리는 시간은 몇 분입니까?

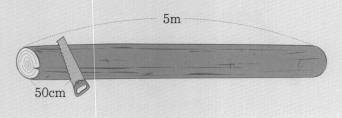

1 길이가 5m인 통나무를 50cm 간격으로 자르면 몇 도막이 생깁니까?

2 다음 표를 완성하고, **1**에서 구한 도막으로 자르기 위해서는 모두 몇 번 자르고 몇 번 쉬어야 하는지 구하시오.

도막의 수	자른 횟수	쉬는 횟수
2도막	1	0
3도막		
4도막		
5도막		

3 통나무를 자르는 데 걸리는 시간과 쉬는 시간은 각각 몇 분입니까?

4 통나무를 자르는 데 모두 몇 분이 걸립니까?

5 길이가 3m인 통나무를 위와 같은 방법으로 자른다고 할 때, 걸리는 시간은 몇 분입니까?

확인문제

1 길이가 15cm인 김밥을 1cm 간격으로 자르려고 합니다. 김밥을 한 번 자르는 데 2초가 걸리고, 한 번 자른 후에는 3초씩 쉰다고 합니다. 김밥을 자르는 데 걸리는 시간은 몇 초입니까?

(자른 횟수)
=(도막의 수)-1이고,
(쉬는 횟수)
=(자른 횟수)-1입니다.

2 인호는 1층에서 5층까지 계단을 쉬지 않고 일정한 빠르기로 걸어 올라가는 데 40초가 걸렸습니다. 같은 빠르기로 1층에서 25층까지 올라가는데, 이번에는 한 층 올라간 후 8초씩 쉬었습니다. 1층에서 25층까지 올라가는 데 걸린 시간은 몇 분 몇 초입니까?

1층에서 4개 층을 올라가면 5층이 됩니다.

1 수학여행을 간 신영이네 반 학생들이 일정한 간격으로 둘러앉아 캠프파이어를 합니다. 9째 번 학생과 35째 번 학생이 마주 보고 앉아 있다면 신영이네 반 학생들은 모두 몇 명입니까?

2 300m 길이의 다리 양쪽에 30m 간격으로 가로등을 설치한 다음, 15m 간격으로 비상 전화기를 설치하려고 합니다. 가로등이 설치된 곳에는 비상 전화기를 설치할 수 없다고 할 때, 필요한 가로등과 비상 전화기의 개수를 각각 구하시오.

3 길이가 같은 색 테이프 15개를 그림과 같이 2cm씩 겹쳐서 이어 붙였더니 길이가 167cm가 되었습니다. 색 테이프 한 개의 길이는 몇 cm입니까?

4 승민이는 수도관을 만들기 위해서 150m인 파이프를 5m씩 자르려고 합니다. 파이프를 한 번 자르는 데 4분이 걸리고, 파이프를 한 번 자를 때마다 1분씩 쉰다고 합니다. 이와 같은 빠르기로 파이프를 모두 자르는 데 걸리는 시간은 몇 분입니까?

개념학습 **달력**

① 달력에서 일주일은 7일이므로 7일마다 같은 요일이 반복됩니다. 100일 후의 요일은 $100 \div 7 = 14 \cdots 2$ 이므로 2개 요일 뒤가 됩니다. 만약 오늘이 월요일이면 100일 후의 요일은 수요일입니다.

② 오른쪽 그림과 같이 날짜만 있고 요일이 없는 달력을 요일 없는 달력이라고 합니다. 요일 없는 달력에 조건에 맞게 요일을 적어 넣으면 여러 가지 달력 문제를 해결할 수 있습니다.

← 요일

1	2	3	4	5	6	7
8	9	10	11	12	13	14
15	16	17	18	19	20	21
22	23	24	25	26	27	28
29	30					

예제 어느 해 9월에는 수요일이 다섯 번 있는데, 이 달의 1일은 수요일이 아니라고 합니다. 이 달의 둘째 번 일요일은 며칠입니까?

강의노트

① 9월은 (28일, 30일, 31일)까지 있으므로 요일 없는 달력에 날짜를 써넣습니다.

② 수요일이 다섯 번 있고, 1일은 수요일이 아니라는 조건을 이용하여 요일 없는 달력에서 수요일을 찾은 다음, 나머지 요일을 모두 적어 9월 달력을 완성합니다.

9월

1	2	3	4	5	6	7
8	9	10	11	12	13	14
15	16	17	18	19	20	21
22	23	24	25	26	27	28
29	30					

→

9월

화	수	목	금	토	일	월
1	2	3	4	5	6	7
8	9	10	11	12	13	14
15	16	17	18	19	20	21
22	23	24	25	26	27	28
29	30					

③ 따라서 9월의 둘째 번 일요일은 ☐ 일입니다.

유제 어느 달의 달력을 보았더니 토요일의 날짜 중 3개가 짝수입니다. 이 달의 10일은 무슨 요일입니까?

개념학습 **해가 바뀔 때의 달력**

① 1년은 365일이고, 365÷7=52…1이므로 어느 날로부터 1년이 지난 날의 요일은 1개 뒤의 요일이 됩니다. 따라서 올해 1월 1일이 일요일이면 1년 후 1월 1일은 월요일입니다. 또, 올해 1월 1일과 12월 31일은 요일이 같습니다.

② 1년이 365일이 아닌, 366일인 해를 <u>윤년</u>이라고 합니다. 2012년, 2016년, 2020년, …과 같이 4년마다 한 번씩 윤년이 되지만 백년마다 돌아오는 세기의 마지막 해인 1700년, 1800년, 1900년, …은 윤년이 아닙니다. 또, 이 중에서 1600년, 2000년, 2400년, …과 같이 400년마다 돌아오는 해는 윤년입니다.

예제 2008년 1월 14일은 월요일입니다. 2009년 1월 17일은 무슨 요일입니까? (단, 2008년은 윤년입니다.)

강의노트

① 일주일은 7일이므로 ⬜일마다 같은 요일이 반복됩니다. 2008년은 윤년이므로 1년이 ⬜일이고, ⬜÷7=⬜…2이므로 1년이 지난 날의 요일은 ⬜개 뒤의 요일이 됩니다.

② 2008년 1월 14일이 월요일이므로 1년 후인 2009년 1월 14일은 ⬜요일입니다.

③ 따라서 2009년 1월 17일은 ⬜요일입니다.

알아보기 **달력의 유래**

지금으로부터 2000여 년 전 로마의 달력은 1년이 355일이었고, 이로 인해 계절과 달력과의 차이가 매년 10일씩 났습니다. 기원전 1세기경, 로마의 율리우스 카이사르는 이집트와 같은 태양력을 쓰기로 결정하여 1년을 365일로 정하였습니다. 그러나 지구가 태양을 한 바퀴 도는 시간은 정확히 365일이 아니라 365.2421…일이라는 사실을 알고는 4년마다 달력에 하루를 더 넣어서 그 해는 1년을 366일로 정함으로써 계절과 달력의 차이를 없애기로 하였습니다.

이렇게 만들어진 달력이 카이사르의 이름을 딴 '율리우스력'이며, 그 이후로 1500여 년 동안 유럽의 여러 나라에서 쓰이게 되었습니다. 그러나 이것도 정확하지 않아 1582년, 로마의 그레고리 8세가 400년마다 윤년을 3차례 없애기로 하고 달력을 고쳤습니다. 즉, 세기의 마지막 해인 1700년, 1800년, 1900년, …은 윤년이 아니고, 2000년과 같이 400년마다 돌아오는 해는 다시 윤년입니다. 이것이 오늘날 대부분의 나라에서 사용되고 있는 '그레고리력'으로, 우리나라에서도 조선시대 고종 31년(1894년)부터 이 태양력을 사용하고 있습니다.

유형 15-1 요일 없는 달력

어느 해 4월의 달력에서 금요일의 날짜를 모두 더했더니 58이 되었습니다. 이 달의 둘째 수요일은 며칠입니까?

1 4월은 30일까지 있습니다. 요일 없는 달력에 날짜를 써넣으시오.

4월

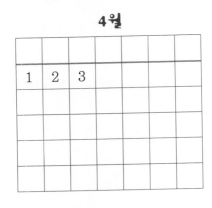

2 같은 요일의 날짜를 모두 더하여 58이 되는 경우를 찾아보시오.

3 **1**의 요일 없는 달력에 조건에 맞게 요일을 써넣으시오. 이 달의 둘째 수요일은 며칠입니까?

1

어느 해 8월에는 화요일과 토요일이 각각 4번씩 있다고 합니다. 이 달의 12일은 무슨 요일입니까?

◦ Key Point

요일 없는 달력에 조건에 맞게 요일을 써넣어 봅니다.

8월

1	2	3	4	5	6	7
8	9	10	11	12	13	14
15	16	17	18	19	20	21
22	23	24	25	26	27	28
29	30	31				

2

어느 해 6월의 목요일 날짜 중에는 홀수가 3개 있습니다. 이 해의 광복절은 무슨 요일입니까?

광복절은 8월 15일입니다.

6월

1	2	3	4	5	6	7
8	9	10	11	12	13	14
15	16	17	18	19	20	21
22	23	24	25	26	27	28
29	30					

유형 15-2 해와 달이 바뀔 때의 요일 변화

2005년 2월 14일은 월요일입니다. 2009년 6월 30일은 무슨 요일입니까?
(단, 2008년은 윤년입니다.)

1   2005년 2월 14일이 월요일이면, 1년 후인 2006년 2월 14일은 무슨 요일입니까?

2   2008년은 윤년인 것을 생각하여 다음 표를 완성하시오.

2005년 2월 14일	2006년 2월 14일	2007년 2월 14일	2008년 2월 14일	2009년 2월 14일
월				

    ☐개 뒤의 요일   ☐개 뒤의 요일   ☐개 뒤의 요일   ☐개 요일

3   2009년 2월은 28일까지 있습니다. 따라서 2월의 어느 날부터 한 달 후의 요일은
28÷7＝4…0이므로 변화가 없습니다. 2009년 3월 14일은 무슨 요일입니까?

4   다음 표를 완성하시오.

2009년 2월 14일	2009년 3월 14일	2009년 4월 14일	2009년 5월 14일	2009년 6월 14일

    ☐개 뒤의 요일   ☐개 뒤의 요일   ☐개 뒤의 요일   ☐개 뒤의 요일

5   2009년 6월 30일은 무슨 요일입니까?

1 어느 해의 어린이날이 목요일일 때, 그 해의 개천절은 무슨 요일입니까?

○ Key Point

어린이날은 5월 5일, 개천절은 10월 3일입니다.

2 선아의 생일은 2월 3일이고, 지훈이의 생일은 5월 4일입니다. 2006년 선아의 생일이 금요일이었다면, 2009년 지훈이의 생일은 무슨 요일입니까? (단, 2008년은 윤년입니다.)

2008년은 윤년인 것에 주의하여 2009년 선아의 생일이 무슨 요일인지 먼저 알아봅니다.

1 오늘은 3월 16일 일요일입니다. 준수네 가족은 오늘 이번 여름에 떠날 가족여행 비행기 티켓을 예매하였습니다. 가족 여행은 오늘부터 100일 후에 떠납니다. 여행을 떠나는 날은 무슨 요일입니까?

2 1년의 날수가 365일인 어느 해의 1월 1일은 월요일입니다. 같은 해에 1일의 요일이 월요일인 달은 몇 월입니까?

3   2002년 5월 31일 금요일에 한일 월드컵의 개막식이 열렸습니다. 2010년 남아공 월드컵의 본선 첫경기가 열린 6월 12일은 무슨 요일입니까? (단, 2004년과 2008년은 윤년입니다.)

4   1년 중 13일의 금요일은 최대 몇 번 있을 수 있습니까? (단, 윤년은 제외합니다.)

Memo

Memo

창의사고력 초등 수학 팩토

팩토 Lv.4 - 기본 B

총괄평가

| 권장 시험 시간 | 50분 |

┤ 유 의 사 항 ├

- 총 문항 수(10문항)를 확인해 주세요.

- 권장 시험 시간(50분) 안에 문제를 풀어 주세요.

- 부분 점수가 있는 문제들이 있습니다. 끝까지 포기하지 말고 최선을 다해 주세요.

시험일시 _____ 년 _____ 월 _____ 일

이 름 _____

 채점 결과를 매스티안 홈페이지(http://www.mathtian.com)에 방문하여 양식에 맞게 입력해 보세요.
「총괄평가 결과지」를 직접 받아보실 수 있습니다.

 매스티안

❶ 33, 767, 8008과 같이 앞으로 읽어도 뒤로 읽어도 같은 수를 대칭수라고 합니다. 시각을 다음과 같이 수로
나타낼 때, 4시 30분부터 5시 30분까지 1시간 동안 나타낼 수 있는 대칭수를 모두 구하시오.

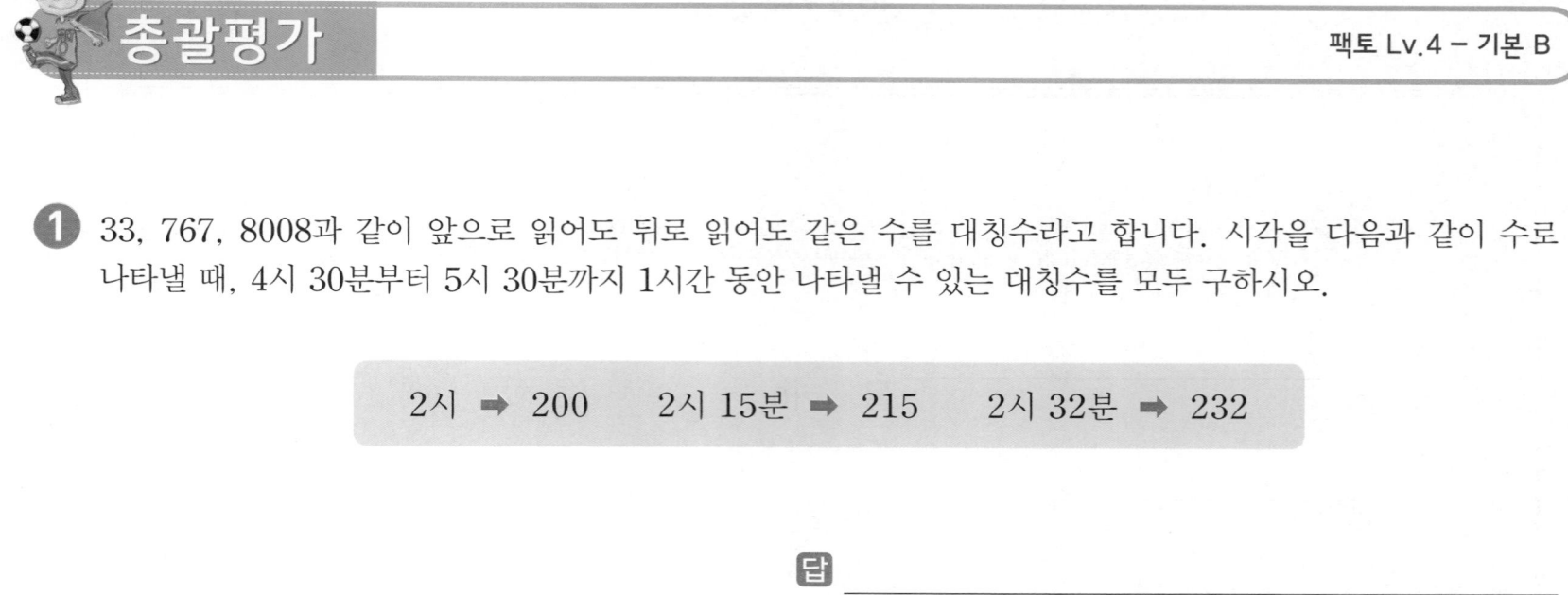

답 _____

❷ $\frac{3}{5}$과 크기가 같은 분수 중에서 분모와 분자의 합이 56인 분수를 구하시오.

답 _____

❸ 빈칸에 알맞은 그림을 그려 넣으시오.

4 다음과 같이 수민이네 가족이 식탁에 앉았습니다. 빈 곳에 앉은 사람은 각각 누구인지 구하시오.

> • 수민이의 왼쪽 방향으로 한 칸 건너뛴 자리에 언니가 앉아 있습니다.
> • 할머니와 수민이는 이웃하여 앉아 있습니다.
> • 동생의 양쪽에는 어머니와 아버지가 앉아 계십니다.
> • 어머니와 언니는 이웃하여 앉아 있지 않습니다.

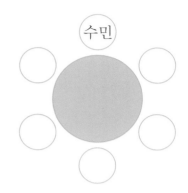

5 직선 가와 나가 서로 평행할 때, 각 ㉠과 각 ㉡의 크기를 각각 구하시오.

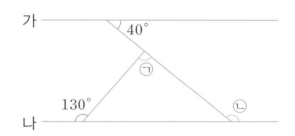

답 각 ㉠: _____, 각 ㉡: _____

6 직사각형 모양의 종이를 다음과 같이 접었을 때, 각 ㉠과 각 ㉡의 크기를 각각 구하시오.

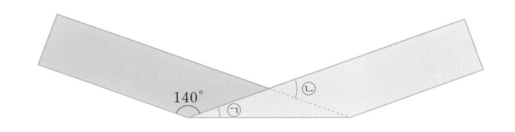

답 각 ㉠: _____, 각 ㉡: _____

7 도형의 한 점에서 출발하여 연필을 떼지 않고 모든 선을 한 번씩만 지나도록 그리는 것을 한붓그리기라고 합니다. 다음 도형에서 하나의 선분을 지워 한붓그리기가 가능하게 하려고 할 때, 지울 수 있는 선분을 모두 구하시오.

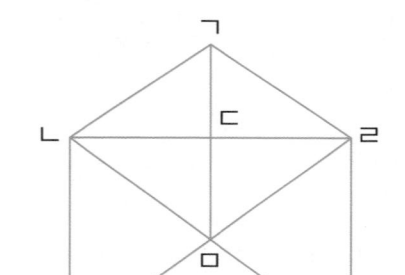

답 _____

8 A, B, C, D, E 5명의 학생이 서로 빠짐없이 한 번씩 탁구 경기를 하였습니다. 이기면 10점, 비기면 5점을 얻고, 지면 점수를 얻지 못합니다. 경기 결과가 다음과 같을 때, E의 승점을 구하시오.

A	B	C	D
2승 1무 1패	3승 1무	4패	1승 2무 1패

답 _____ 점

❾ 수민이와 정우가 종이학을 접었습니다. 둘 중 한 명이 접은 날은 하루에 12개씩, 두 명이 함께 접은 날은 하루에 20개씩 접어서 15일 동안 모두 252개를 접었습니다. 수민이와 정우가 함께 접은 날은 15일 중 며칠인지 구하시오.

답 _____ 일

❿ 120 m 길이의 도로 양쪽에 6 m 간격으로 나무를 심고, 나무와 나무 사이에는 벤치를 2개씩 놓으려고 합니다. 나무는 몇 그루, 벤치는 몇 개 필요한지 구하시오. (단, 도로의 양쪽 끝에는 나무를 심어야 합니다.)

답 나무 : _____ 그루, 벤치 : _____ 개

 수고하셨습니다.

에스타민

응원합니가

핵토 Lv.4 – 기본 B

에스타민

1 430(4시 30분)부터 459(4시 59분), 500(5시)부터 530(5시 30분)까지의 수 중에서 대칭수를 모두 구하면 434, 444, 454, 505, 515, 525입니다.

답 434, 444, 454, 505, 515, 525

2  $\frac{3}{5}=\frac{6}{10}=\frac{9}{15}=\frac{12}{20}=\cdots\cdots$ 이고, 이때 분모와 분자의 합은 8, 16, 24, 32, ……와 같이 8의 배수입니다. 따라서 분모와 분자의 합이 56인 분수는 $\frac{3}{5}$의 분모와 분자에 7을 곱한 $\frac{21}{35}$입니다.

답 $\frac{21}{35}$

3 왼쪽 정사각형을 가로로 반으로 나눈 후, 위와 아래의 위치를 바꾸면 오른쪽 그림이 됩니다.

위치
바꾸기 →

답 풀이 참조

4 수민이의 자리를 기준으로 언니의 자리가 먼저 정해집니다. 어머니, 동생, 아버지는 이웃해서 앉아 있으므로 수민이와 언니 사이에는 할머니가 앉아 계십니다. 또, 어머니와 언니는 이웃하여 앉아 있지 않으므로 각자의 자리는 다음과 같습니다.

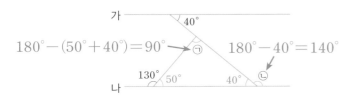

답 풀이 참조

5 주어진 각의 엇각과 삼각형의 내각의 합이 180°인 것을 이용하여 문제를 해결합니다.

$180°-(50°+40°)=90°$ → ㉠　　$180°-40°=140°$ → ㉡

답 90°, 140°

6 접은 종이를 펼쳤을 때 ㉠$=(180°-140°)\div2=20°$이고, ★은 140°인 각과 동위각이므로 ㉡$=180°-140°=40°$입니다.

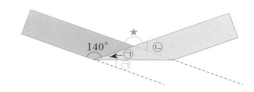

답 20°, 40°

7 한붓그리기가 가능하려면 홀수점이 없거나 2개여야 합니다. 주어진 그림에서 점 ㄱ, 점 ㅁ, 점 ㅂ, 점 ㅅ이 홀수점이므로 홀수점끼리 잇는 선분을 하나 지우면 한붓그리기가 가능해집니다.

답 선분 ㄱㅁ, 선분 ㅁㅂ, 선분 ㅁㅅ, 선분 ㅂㅅ

8 한 경기마다 생기는 승점은 10점이고, 모두 10경기를 했으므로 5명의 승점의 합은 100점입니다. A, B, C, D의 승점의 합을 구해 전체 승점의 합에서 빼면 E의 승점을 알 수 있습니다.
E의 승점은 $100-(25+35+0+20)=20$(점)입니다.

답 20

9 한 명이 접은 날과 두 명이 접은 날의 종이학의 개수 차는 $20-12=8$(개)입니다. 만약 15일 동안 한 사람이 접었다고 가정하면 접을 수 있는 종이학은 $12\times15=180$(개)입니다. 실제로 접은 252개와는 $252-180=72$(개) 차이가 나므로 두 사람이 함께 접은 날은 $72\div8=9$(일)입니다.

답 9

10 120m 도로 한쪽에 6m 간격으로 나무를 심으려면 간격의 수는 $120\div6=20$(개)이고, 필요한 나무는 $20+1=21$(그루)입니다. 따라서 도로 양쪽에 필요한 나무는 모두 42그루입니다. 또, 도로 양쪽에 나무 사이의 간격은 40개이므로 필요한 벤치는 모두 $2\times40=80$(개)입니다.

답 42, 80

팩토 Lv.4 – 기본 B

총괄평가
정답 및 풀이

매스티안

영재학급, 영재교육원, 경시대회 준비를 위한

창의사고력
초등 수학
팩토

바른 답
바른 풀이

Lv.4

기본 B

매스티안

영재학급, 영재교육원, 경시대회 준비를 위한

창의사고력 초등 수학 팩토

바른 **답**
바른 **풀이**

Lv. **4**

기본 **B**

Ⅵ 수와 연산

01 숫자 카드로 수 만들기 p.8~p.9

[예제] [답] ① 2, 4, 6

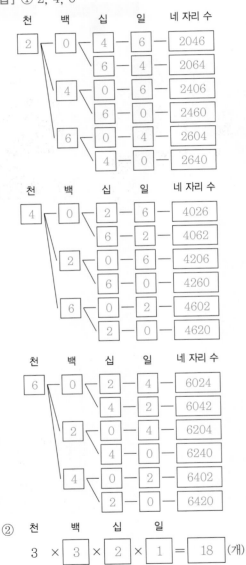

② 천 백 십 일

$3 \times 3 \times 2 \times 1 = 18$ (개)

[예제] [답] ① ㉮ ② 0, 9, 10 ③ 9, 10, 90

[유제] 다섯 자리 대칭수 ㉮㉯㉰㉯㉮에서 ㉮에 들어갈 수 있는 숫자는 0을 제외한 9개이고, ㉯와 ㉰에 들어갈 수 있는 숫자는 각각 10개입니다. 따라서 다섯 자리 대칭수는 900개입니다.

[답] 900개

유형 01-1 대칭수 p.10~p.11

1 11, 22, 33, 44, 55, 66, 77, 88, 99

[답] 풀이 참조, 9개

2 세 자리 대칭수 □△□에서 □에는 0을 제외한 1부터 9까지 9개의 숫자가 들어갈 수 있습니다.

[답] 9개

3 세 자리 대칭수 □△□에서 △에는 0부터 9까지 10개의 숫자가 들어갈 수 있습니다.

[답] 10개

4 세 자리 대칭수의 백의 자리와 일의 자리에 들어갈 수 있는 숫자가 각각 9개이고, 각 경우 십의 자리에 들어갈 수 있는 숫자가 10개씩 있으므로 세 자리 대칭수는 9×10=90(개)입니다.

[답] 90개

5 9+90=99(개)

[답] 99개

확인문제

1 1월: 11, 111, 121, 131
12월: 121, 1221

[답] 1월: 4일, 12월: 2일

2 ① 9시는 09로 시작하고, 0990으로 표시되는 시각이 없으므로 조건에 맞는 경우가 없습니다.

② 오전 9시 이후부터 오후 6시 이전까지의 시각 중 조건에 맞는 경우는 다음과 같습니다.

| 10:01 | 11:11 | 12:21 | 01:10 | 02:20 | 03:30 | 04:40 | 05:50 |
| 1001 | 1111 | 1221 | 0110 | 0220 | 0330 | 0440 | 0550 |

③ 오후 6시는 0600이므로 조건에 맞지 않습니다.
따라서 앞에서 읽어도 뒤에서 읽어도 같은 시각을 나타내는 시각은 모두 8번입니다.

[답] 8번

유형 O1-2 각 자리 숫자가 점점 커지는 수 p.12~p.13

1 십의 자리 숫자가 백의 자리 숫자보다 커야 하므로 2, 3, 4, 5, 6, 7, 8, 9입니다.

[답] 2, 3, 4, 5, 6, 7, 8, 9

2 3, 4, 5, 6, 7, 8, 9

[답] 7개

3 4, 5, 6, 7, 8, 9

[답] 6개

4 $7+6+5+4+3+2+1=28$(개)

[답] 28개

확인문제

1 백의 자리 숫자가 될 수 있는 숫자는 2에서 9까지입니다.
- 백의 자리 숫자가 2일 때: 210 → 1개
- 백의 자리 숫자가 3일 때: 321, 320, 310
  → 2+1=3개
- 백의 자리 숫자가 4일 때: 432, 431, 430, 421, 420, 410
  → 3+2+1=6개
- 백의 자리 숫자가 5일 때: 543, 542, 541, 540, 532, 531, 530, 521, 520, 510
  → 4+3+2+1=10개
  ⋮

이와 같은 방법으로 백의 자리 숫자가 9일 때까지 각 경우의 세 자리 수의 개수를 더하면
$1+3+6+10+15+21+28+36=120$(개)입니다.

[답] 120개

2 날짜를 네 자리 수로 나타냈을 때 앞의 두 숫자는 '월', 뒤의 두 숫자는 '일'을 나타냅니다. '일'을 나타내는 두 자리 수가 가장 큰 경우는 29이므로 '월'을 나타내는 앞의 두 숫자는 2보다 작은 숫자여야 합니다.
따라서 조건에 맞게 나타낼 수 있는 날짜는 0123, 0124, 0125, 0126, 0127, 0128, 0129로 7개입니다.

[답] 7개

창의사고력 다지기 p.14~p.15

1 주어진 숫자 카드로 가장 큰 다섯 자리 수를 만들기 위해서는 가장 큰 숫자부터 만, 천, 백, 십, 일의 자리에 써 주면 됩니다. 단, 만의 자리에는 0이 올 수 없습니다.
따라서 주어진 5장의 카드로 만들 수 있는 가장 큰 수는 97630이고, 둘째 번으로 큰 수는 97603입니다.
5장의 카드를 한 번씩 사용하여 가장 작은 다섯 자리 수를 만들 때는 가장 작은 숫자부터 만, 천, 백, 십, 일의 자리에 써 주면 됩니다. 이 경우 역시 0은 만의 자리에 올 수 없습니다.
가장 작은 다섯 자리 수는 30679, 둘째 번으로 작은 수는 30697, 셋째 번으로 작은 수는 30769입니다.
따라서
(둘째 번으로 큰 수)−(셋째 번으로 작은 수)
$=97603-30769$
$=66834$입니다.

[답] 66834

2 (1) 378 → 378+873=1251
  → 1251+1521=2772: 2단계 대칭수
(2) 831 → 831+138=969: 1단계 대칭수
(3) 264 → 264+462=726
  → 726+627=1353
  → 1353+3531=4884: 3단계 대칭수

[답] (1) 2 (2) 1 (3) 3

3 홀수를 만들기 위해서는 일의 자리에 5 또는 9가 와야 합니다.
① 일의 자리에 5가 오는 경우 백의 자리에는 2, 6, 9, 8, 십의 자리에는 일의 자리와 백의 자리에 오는 숫자를 제외한 3가지 숫자가 올 수 있습니다.
  □□5 → $4×3=12$(개)
② 일의 자리에 9가 오는 경우 백의 자리에는 5, 2, 6, 8, 십의 자리에는 일의 자리와 백의 자리에 오는 숫자를 제외한 3가지 숫자가 올 수 있습니다.
  □□9 → $4×3=12$(개)
따라서 만든 세 자리 수 중에서 홀수는 모두 $12+12=24$(개)입니다.

[답] 24개

4
- 백의 자리에 1, 십의 자리에 1이 오는 경우: 111, 112, 113, 114, 115, 116, 117, 118, 119 → 9개
- 백의 자리에 1, 일의 자리에 0이 오는 경우: 120(백이십), 130(백삼십), 140, 150, 160, 170, 180, 190 → 8개
- 십의 자리에 0이 오는 경우: 201, 202, 203, 204, 205, 206, 207, 208, 209, 210 → 10개
  (백의 자리 숫자가 1씩 커질 때마다 10개씩 있으므로 70개가 더 있습니다.)

따라서 $9+8+10+70=97$(개)입니다.

[답] 97개

---

02 묶어서 더하기 p.16~p.17

[예제] [답] ①

$$
\begin{array}{c}
1+\ 2+\ 3+\ 4+\ 5+\cdots+\ 97+\ 98+\ 99 \\
+)\ 99+\ 98+\ 97+\ 96+\ 95+\cdots+\ \ 3+\ \ 2+\ \ 1 \\
\hline
\boxed{100}+\boxed{100}+\boxed{100}+\boxed{100}+\boxed{100}+\cdots+\boxed{100}+\boxed{100}+\boxed{100}
\end{array}
$$
$$\boxed{99}\ \text{개}$$

② 100, 99, 100, 99, 9900
③ 9900, 4950

[유제] $(1+70)\times70\div2=2485$

[답] 2485

[예제] [답] ① 13

$$\boxed{13}+\boxed{13}+\boxed{13}+\boxed{13}+\boxed{13}+\boxed{13}+\boxed{13}$$
$$=\boxed{13}\times7$$

② 7, 38 ③ 38, 49

유형 02-1 연속하는 수의 개수 p.18~p.19

1 [답] (연속하는 수의 개수)$=($ $\boxed{\text{끝수}}$ $-$ $\boxed{\text{처음 수}}$ $)+1$

2 $120-30+1=91$(개)

[답] 91개

---

3 $400=200+2\times100$이므로 200에 2를 100번 더한 수입니다.
따라서 짝수는 모두 $1+100=101$(개)입니다.

[답] 100번, 101개

4 $199=1+2\times99$이므로 1에 2를 99번 더한 수입니다.
따라서 홀수는 모두 $1+99=100$(개)입니다.

[답] 100개

5 ①: 91개, ②: 101개, ③: 100개

[답] ②

확인문제

1 55부터 150까지의 수의 개수는
$150-55+1=96$(개)이므로 주어진 연속수의 합은
$(55+150)\times96\div2=9840$입니다.

[답] 9840

2 $191=11+2\times90$이므로 11에서 191까지의 홀수의 개수는 $1+90=91$(개)입니다.
따라서 주어진 연속된 홀수의 합은
$(11+191)\times91\div2=9191$입니다.

[답] 9191

유형 02-2 재미있는 모양으로 묶기 p.20~p.21

1 [답]

2 $\square+(\square+8)+(\square+9)+(\square+17)=182$
$\square+\square+\square+\square+34=182$, $\square+\square+\square+\square=148$
$\square=37$

[답] 37

3 [답] 37

4 ㉠에 들어갈 수를 □라고 하여 5개의 수의 합을 구하면

$(\square-8)+\square+(\square+8)+(\square+9)+(\square+10)=129$

$\square+\square+\square+\square+\square=110$

$\square=22$

[답] 22

확인문제

1 색칠된 모양의 가운데 수를 □라 하면, 묶인 5개의 수의 합은 $(\square-7)+(\square-6)+\square+(\square+6)+(\square+7)$로 나타낼 수 있습니다. 5개의 수의 합이 170이므로 $\square\times5=170$, $\square=34$입니다. 따라서 가운데 수가 34이므로 가장 큰 수는 $34+7=41$입니다.

[답] 41

2 6개의 수의 합은 가운데 두 수의 합의 3배와 같으므로 3의 배수여야 합니다.

[답] ③, ⑤

창의사고력 다지기   p.22~p.23

1 [답]

1	2	3	4	5	6	7	8	9	10
11	12	13	14	15	16	17	18	19	20
21	22	23	24	25	26	27	28	29	30
31	32	33	34	35	36	37	38	39	40
41	42	43	44	45	46	47	48	49	50
51	52	53	54	55	56	57	58	59	60
61	62	63	64	65	66	67	68	69	70
71	72	73	74	75	76	77	78	79	80
81	82	83	84	85	86	87	88	89	90
91	92	93	94	95	96	97	98	99	100

2 책의 쪽수는 연속수이므로 13개의 연속수의 합은 338입니다. 따라서 가운데 쪽수는 $338\div13=26$(쪽)이고, 처음의 쪽수는 20쪽입니다.

[답] 20쪽

3 30째 번 정사각형 안의 네 수를 다음과 같이 나타낼 수 있습니다.

□	□+30
□+30	□+61

따라서 30째 번 정사각형 안의 네 수의 합은 $\square+(\square+30)+(\square+30)+(\square+61)=\square\times4+121$이고, 30째 번 정사각형 안의 수 중에서 □는 $30\times30=900$이므로 네 수의 합은 $900\times4+121=3721$입니다.

[답] 3721

03 분수   p.24~p.25

예제 [답] ① 4   ② $\dfrac{3}{9}$, $\dfrac{5}{15}$, $\dfrac{6}{18}$, $\dfrac{7}{21}$

③ $\dfrac{16}{48}$ ④ 15

유제 $\dfrac{5}{1}=\dfrac{10}{2}=\dfrac{15}{3}=\dfrac{20}{4}=\dfrac{25}{5}$

$=\dfrac{30}{6}=\dfrac{35}{7}=\dfrac{40}{8}=\dfrac{45}{9}=\dfrac{50}{10}$

이 중 분모, 분자가 모두 5보다 크고 50보다 작은 분수는 $\dfrac{30}{6}$, $\dfrac{35}{7}$, $\dfrac{40}{8}$, $\dfrac{45}{9}$로 모두 4개입니다.

[답] 4개

예제 [답] ① 5   ② 큰

③ $\dfrac{16}{21}>\dfrac{13}{18}>\dfrac{11}{16}>\dfrac{6}{11}>\dfrac{4}{9}>\dfrac{2}{7}$

유제 $\dfrac{5}{8}$와 $\dfrac{5}{6}$는 분자가 같으므로 분모가 작은 $\dfrac{5}{6}$가 더 큽니다.

또, $\dfrac{5}{6}$와 $\dfrac{9}{10}$는 모두 분모와 분자의 차가 1인 분수이므로 분모나 분자가 큰 $\dfrac{9}{10}$가 더 큽니다.

따라서 가장 큰 분수는 $\dfrac{9}{10}$, 가장 작은 분수는 $\dfrac{5}{8}$이므로 $\dfrac{5}{8}<\dfrac{5}{6}<\dfrac{9}{10}$입니다.

[답] $\dfrac{5}{8}<\dfrac{5}{6}<\dfrac{9}{10}$

유형 03-1 숫자 카드로 분수 만들기　p.26~p.27

1 [답] 분모가 3인 분수: $\frac{1}{3}$, $\frac{4}{3}$, $\frac{6}{3}$, $\frac{8}{3}$

$\frac{1}{2}$ 보다 작은 분수: $\frac{1}{3}$

2 [답] $\frac{1}{4}$, $\frac{1}{6}$, $\frac{1}{8}$, $\frac{3}{8}$

3 $\frac{1}{3}$, $\frac{1}{4}$, $\frac{1}{6}$, $\frac{1}{8}$, $\frac{3}{8}$

[답] 5개

4 [답] $\frac{5}{6}$, $\frac{5}{7}$, $\frac{6}{7}$

확인문제

1 만들 수 있는 1보다 작은 분수는 $\frac{2}{3}$, $\frac{2}{7}$, $\frac{3}{7}$, $\frac{2}{9}$, $\frac{3}{9}$, $\frac{7}{9}$ 입니다.

$\frac{1}{3} < \frac{2}{3}$　　　$\frac{2}{6} > \frac{2}{7}$, $\frac{2}{9}$

$\frac{3}{9} < \frac{3}{7}$　　　$\frac{3}{9} = \frac{3}{9}$

$\frac{3}{9} < \frac{7}{9}$

따라서 $\frac{1}{3}$ 보다 작은 분수는 $\frac{2}{7}$, $\frac{2}{9}$ 입니다.

[답] $\frac{2}{7}$, $\frac{2}{9}$

2 $\frac{1}{5}$ 과 크기가 같은 분수는 다음과 같이 분모가 분자의 5배입니다.

$\frac{1}{5} = \frac{2}{10} = \frac{3}{15} = \frac{4}{20} = \frac{5}{25} = \frac{4}{30} = \frac{7}{35} = \cdots$

이 중 숫자 카드를 사용하여 만들 수 있는 분수는 $\frac{2}{10}$, $\frac{4}{20}$ 로 2개입니다.

[답] 2개

유형 03-2 분모와 분자의 합　p.28~p.29

1 $\frac{5}{8} = \frac{10}{16} = \frac{15}{24} = \frac{20}{32} = \frac{25}{40} = \frac{30}{48} = \cdots$

[답] $\frac{10}{16}$, $\frac{15}{24}$, $\frac{20}{32}$, $\frac{25}{40}$, $\frac{30}{48}$

이외에도 여러 가지가 있습니다.

2 [답]

2	3	4	5	6
$\frac{10}{16}$	$\frac{15}{24}$	$\frac{20}{32}$	$\frac{25}{40}$	$\frac{30}{48}$
26	39	52	65	78

3 $260 \div 13 = 20$

[답] 20

4 $\frac{5 \times 20}{8 \times 20} = \frac{100}{160}$

[답] $\frac{100}{160}$

확인문제

1 분모와 분자의 합이 20인 분수는 $\frac{1}{19}$, $\frac{2}{18}$, $\frac{3}{17}$, $\frac{4}{16}$, $\frac{5}{15}$, $\frac{6}{14}$, $\frac{7}{13}$, $\frac{8}{12}$, $\frac{9}{11}$, $\cdots$입니다.

따라서 $\frac{1}{2}$ 보다 작은 분수는 $\frac{1}{19}$, $\frac{2}{18}$, $\frac{3}{17}$, $\frac{4}{16}$, $\frac{5}{15}$, $\frac{6}{14}$ 으로 6개입니다.

[답] 6개

2 $\frac{1}{4} > \frac{1}{5}$, $\frac{1}{6}$, $\frac{1}{7}$, $\frac{1}{8}$, $\frac{1}{9}$, $\frac{1}{10}$

$\frac{2}{8} > \frac{2}{9}$

[답] $\frac{1}{5}$, $\frac{1}{6}$, $\frac{1}{7}$, $\frac{1}{8}$, $\frac{1}{9}$, $\frac{1}{10}$, $\frac{2}{9}$

1 [답] 분자가 같은 분수는 분모가 작은 분수가 더 큽니다.

$$\frac{8}{9} > \frac{8}{11}$$

분모와 분자의 차가 같은 분수는 분모, 분자가 큰 분수가 더 큽니다.

$$\frac{8}{11} > \frac{2}{5}, \quad \frac{11}{12} > \frac{8}{9}$$

따라서 $\frac{11}{12} > \frac{8}{9} > \frac{8}{11} > \frac{2}{5}$ 입니다.

[답] $\frac{11}{12}, \ \frac{8}{9}, \ \frac{8}{11}, \ \frac{2}{5}$

2

$$\frac{3}{6} = \frac{\boxed{7}}{\boxed{1}\,\boxed{4}} = \frac{\boxed{2}\,\boxed{9}}{\boxed{5}\,\boxed{8}}$$

$$\frac{3}{6} = \frac{\boxed{9}}{\boxed{1}\,\boxed{8}} = \frac{\boxed{2}\,\boxed{7}}{\boxed{5}\,\boxed{4}}$$

[답] 풀이 참조

3 $\frac{3}{7} = \frac{6}{14} = \frac{9}{21} = \frac{12}{28} = \frac{15}{35} = \cdots$ 이므로 분모와 분자의 차가 4, 8, 12, 16, 20, $\cdots$ 입니다.

분모와 분자의 차가 $72(=4 \times 18)$가 되려면 $\frac{3}{7}$ 의 분모와 분자에 18을 곱해야 합니다.

따라서 $\frac{3 \times 18}{7 \times 18} = \frac{54}{126}$ 입니다.

[답] $\frac{54}{126}$

4 $\frac{3}{4}$ 과 크기가 같은 분수를 먼저 구해 보면

$$\frac{3}{4} = \frac{6}{8} = \frac{9}{12} = \frac{12}{16} = \frac{15}{20} = \cdots$$

위의 분수 중에서 분모가 6보다 큰 수를 골라 $\frac{2}{6}$ 의 분모, 분자에 어떤 수를 더한 식으로 바꾸면

$$\frac{6}{8} = \frac{2+4}{6+2}, \quad \frac{9}{12} = \frac{2+7}{6+6}, \quad \frac{12}{16} = \frac{2+10}{6+10}, \quad \cdots$$

입니다.

따라서 $\frac{2}{6}$ 의 분모, 분자에 더한 수가 10일 때

$$\frac{12}{16} = \frac{3}{4}$$ 이 됩니다.

[답] 10

Ⅶ 언어와 논리

04 도형 유비추론   p.34~p.35

[예제] [답] ① ②

[유제] ①, ③, ④, ⑤는 밥통-밥의 관계처럼 도구와 목적의 관계입니다.

[답] 장갑 – 양말

[예제] [답] ① 차 ② 33, 22

[유제] ○×○-1=△이므로 ○×○-1=24 → ○=5,
8×8-1=△ →△=63입니다.

[답] 5, 63

유형 04-1 도형 유비추론   p.36~p.37

1

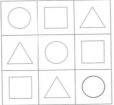

가로, 세로 방향으로 각 줄에 ○, □, △가 한 개씩 들어가는 규칙입니다.

[답] 풀이 참조

2

3	2	1
2	1	3
1	3	2

가로, 세로 방향으로 각 줄에 머리카락의 개수 1개, 2개, 3개가 한 번씩 들어가는 규칙입니다.

[답] 풀이 참조

3 눈과 입의 모양은 모두 같으므로 동그란 얼굴에 2개의 머리카락을 그려 넣습니다.

[답]

4

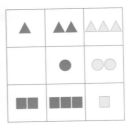

가로줄은 모양이 모두 같고, 세로줄은 색깔이 모두 같습니다. 빈칸의 가로줄은 ○ 모양, 세로줄은 파란색을 나타냅니다. 또한, 가로, 세로 방향으로 각 줄에 놓인 도형의 개수는 1개, 2개, 3개로 모두 다릅니다.

[답] ●●●

확인문제

1 세로로 왼쪽 줄은 생물, 오른쪽 줄은 탈것, 가로로 윗줄은 하늘, 아랫줄은 바다와 관련된 것입니다.

[답] ②

2 ＼ 대각선 방향으로 모양이 같고, ／ 대각선 방향으로 무늬가 같고 ／, ＼ 두 대각선 방향으로 개수가 1개, 2개, 3개로 모두 다릅니다.

[답] ▲▲▲

유형 04-2 공통점 찾기   p.38~p.39

1 ⑩, ⑭, 대칭성은 삼식이와 삼식이가 아닌 도형에 모두 나타나므로 삼식이의 특징이 아닙니다.

[답] 풀이 참조

2 [답]

	㉠	㉡	㉢	㉣	㉤	㉥
원의 개수	3	1	4	2	3	5
각의 개수	3	0	4	3	6	5
선분의 개수	3	1	4	3	6	5

3 [답] 원의 개수와 선분의 개수가 모두 같습니다.

4 원의 개수와 선분의 개수가 같은 왼쪽 그림입니다.

[답]

1 [답] 사각형을 4조각으로 나눈 것

2 뾰롱인 도형의 공통점은 삼각형 안에 두 개의 선이 그어져 있습니다.

[답] ④

창의사고력 다지기　　　　　p.40~p.41

1 가로, 세로로 큰 원 안에 작은 원이 3개인 그림이 2개, 2개인 그림이 1개가 있고, 큰 원 아래 사각형 중 흰색이 2개, 검은색이 1개, 큰 원 왼쪽 사각형 중 회색이 2개, 흰색이 1개, 큰 원 오른쪽 사각형 중 회색이 1개, 흰색이 2개 있습니다.

[답]

2 [답] 태라의 특징은 도형을 같은 모양의 4조각으로 나눈 것입니다.

3 각 단어에 해당하는 수는 단어의 글자 수와 같으므로 세 글자인 두더지는 3으로 바꿀 수 있습니다.

[답] 3

4 왼쪽 정사각형을 세로로 반으로 나눈 다음, 서로 위치를 바꾸면 오른쪽 모양이 됩니다.

[답]

05 연역표　　　　　　　　p.42~p.43

예제 [답] ② 표범, 사자

유제 [답] 호박꽃은 향기가 좋습니다.

예제 [답] ②

	김 씨	박 씨	이 씨
종수	×	×	○
영민	×	○	×
수영	○	×	×

③ 이, 박, 김

유형 05-1 연역표　　　　　p.44~p.45

1 [답] 사과

2 [답] 포도

3 [답] 수박

4 [답]

	수박	사과	배	포도
은호	×	×	○	×
진영	○	×	×	×
희수	×	○	×	×
효정	×	×	×	○

5 [답] 은호: 배, 진영: 수박, 희수: 사과, 효정: 포도

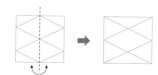

1 주어진 조건에서 알 수 있는 사실을 찾아 연역표에 ○, ×로 표시합니다.

	수영	등산	독서
정현	×	×	○
다빈	×	○	×
한솔	○	×	×

[답] 정현: 독서, 다빈: 등산, 한솔: 수영

2 주어진 조건에서 알 수 있는 사실을 찾아 연역표에 ○, ×로 표시합니다.
① 뽀뽀는 강우의 강아지가 아닙니다.
② 현호의 강아지는 콜라입니다.
③ 초코와 뽀뽀는 민수의 강아지가 아닙니다.

	콜라	뽀뽀	티코	초코
수진	×	○	×	×
민수	×	×	○	×
현호	○	×	×	×
강우	×	×	×	○

[답] 뽀뽀

유형 05-2 A → B → C p.46~p.47

2 [답] 운동

3 [답] 음악

4 [답] 음악

확 인 문 제

1 사과를 좋아하는 사람은 배도 좋아합니다: 사과 → 배
'사과를 좋아하지 않는 사람은 딸기도 좋아하지 않습니다.' 는 말은 '딸기를 좋아하는 사람은 사과를 좋아합니다.' 라는 말과 같습니다.: 딸기 → 사과
딸기, 사과, 배를 좋아하는 관계를 화살표로 나타내면 딸기 → 사과 → 배입니다.
따라서 사과를 좋아하는 연진이는 사과, 배를 좋아하고, 딸기를 좋아하는 수영이는 딸기, 사과, 배를 좋아합니다.

[답] ②

2 수박을 좋아하는 사람은 각각 수박과 참외, 수박과 복숭아를 좋아합니다. 또한, 복숭아를 좋아하는 사람이 3명이므로 연역표를 그려 보면 다음과 같습니다.

	수박	참외	사과	복숭아
①	○	○	×	×
②	○	×	×	○
③				○
④				○

이 표에서 C만 좋아하는 과일은 참외 또는 사과임을 알 수 있습니다. C만 좋아하는 과일이 참외인 경우 ③, ④는 모두 사과와 복숭아를 좋아하게 되므로 셋째 번 조건에 맞지 않습니다.
따라서 C가 좋아하는 과일은 사과와 복숭아이고, D가 좋아하는 과일은 참외와 복숭아입니다.

[답] 사과와 복숭아

창의사고력 다지기 p.48~p.49

1 은영이가 동준이나 수철이에게 선물을 주거나 동준이가 은영이나 수정이에게 선물을 주면, 시연이와 백호는 선물을 주거나 받을 수밖에 없습니다.
따라서 선물을 주고 받은 관계는 다음과 같습니다.

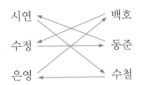

[답] 수철

2 냉장고, TV, 전화기 중 2개를 짝지어 생각해 봅니다. 만약 냉장고와 TV를 사면 세탁기와 비디오 중 하나를 선택해야 하는데, 세탁기는 ② 조건에 어긋나고, 비디오는 ④ 조건에 어긋납니다.
냉장고와 전화기를 선택하면 세탁기는 ② 조건에 어긋나고, 비디오는 ③ 조건에 어긋납니다.
TV와 전화기를 선택하면 세탁기는 ④ 조건에 어긋나고, 비디오는 살 수 있습니다.

[답] TV, 전화기, 비디오

3 조건에서 좋아하는 과목과 싫어하는 과목을 표시하면 다음과 같습니다.

	국어	사회	수학	영어
가		×		×
나		×	×	×
다	×			×
라			×	×
마	×	×	×	○

따라서 나가 좋아하는 과목은 국어이고, 국어를 좋아하는 사람은 한 명뿐이므로 라가 좋아하는 과목은 사회입니다.

다, 라가 좋아하는 과목이 다르기 때문에 다는 수학을 좋아한다는 것을 알 수 있습니다.

[답] 수학

4 선희의 언니는 지은이고, 선영이는 지은이의 딸입니다. 지은이의 직업은 선생님이고, 선영이는 여가 시간에 운동을 하지 않는데, 화가가 직업인 사람은 취미가 운동이므로 선희가 화가이고, 선영이는 운동선수입니다.

[답] 선영: 운동 선수, 지은: 선생님, 선희: 화가

06 배치하기 p.50~p.51

[예제] [답] ① 둘 ② 넷

③ 재영

[예제] [답] ①

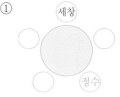

②

③ 경주

유형 06-1 자리 배치 p.52~p.53

1 [답]

① 고양이	② 거북	③
④ 도마뱀	⑤	⑥

①	② 고양이	③ 거북
④	⑤ 도마뱀	⑥

2 ㉠에서 햄스터와 토끼는 같은 층이므로 1층에 있습니다. ㈏의 경우 1층의 빈칸에 햄스터를 넣으면 도마뱀 옆에 햄스터가 있게 되므로 조건에 맞지 않습니다. 따라서 ㈎의 ⑤에 토끼, ⑥에 햄스터가 있습니다.

[답] 햄스터: ⑥, 토끼: ⑤

3 [답]

① 고양이	② 거북	③ 강아지
④ 도마뱀	⑤ 토끼	⑥ 햄스터

4 [답] 강아지

확인문제

1 ③에서 종현이는 오른쪽 끝이고, ②, ⑤에서 문성이는 영주와 세영이 사이인데 ④에서 세영이 왼쪽으로 윤희와 영주가 있으므로 세 사람의 순서가 영주, 문성, 세영 순입니다. ①에서 재명이는 세영이의 오른쪽이고, ④에서 윤희가 세영이의 왼쪽이므로 왼쪽으로부터 6명의 순서는 윤희, 영주, 문성, 세영, 재명, 종현입니다.

[답] 1명

2 ①, ④에서 다음을 알 수 있습니다.

칠판			
		효진	솔미
진이			

↓

②, ③에서 다음을 알 수 있습니다.

칠판			
종인	동호	효진	솔미
진이		승오	승진

따라서 ㉠의 자리는 종인, ㉡의 자리는 동호입니다.

[답] ㉠: 종인, ㉡: 동호

1

첫째 번 경우는 조건에 맞게 ㉮의 자리를 정할 수 없고, 둘째 번 경우에서 ㉮의 자리는 ㉰의 왼쪽입니다.

[답] 풀이 참조

2 [답]

3 [답] ㉰: 8살, ㉳: 10살

4 [답] ㉮: 14살, ㉯: 15살

5 [답] ㉯, ㉠

확인문제

1

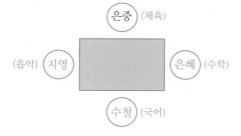

[답] 국어

2 진희와 해인이의 자리를 정하면 진희의 오른쪽은 기욱이도 아니고 성숙이도 아니므로 치영이입니다.

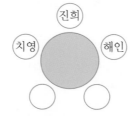

기욱이가 치영이와 이웃하지 않으므로 치영이는 진희와 성숙이 사이에 앉아 있습니다.

[답] 진희와 성숙

1 ①, ②, ③의 상황에서 C가 추월한 사람은 A, B입니다.

[답] ④

2 정원이가 가장 오른쪽에 앉아 있고, 다인이와 경수가 붙어 앉아 있으므로 네 가지 경우가 가능합니다.

경수	다인			정원
	경수	다인		정원
		경수	다인	정원
			경수	다인	정원

네 가지 경우 중에서 정수와 수영이가 앉을 수 있는 경우를 찾으면, 다음 두 가지 경우가 나옵니다.

경수	다인	수영	정수		정원
정수		경수	다인	수영	정원

[답] 2군데

3 흰색 차 왼쪽으로 B 회사 차가 있고, B 회사 차의 오른쪽으로 빨간색 차가 있으므로 세 대의 차는 B-(흰색)-(빨간색) 또는 B-(빨간색)-(흰색)입니다. A 회사 차의 왼쪽이 흰색이므로 둘째 번 경우는 불가능하고 B-(흰색)-A(빨간색)입니다.
검은색 차의 오른쪽이 C 회사의 차이므로 B(검은색)-C(흰색)-A(빨간색) 순으로 차가 서 있습니다.

[답] 검은색

4

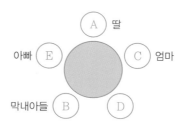

E는 아빠이고, A는 딸입니다. E의 말에서 A는 E의 오른쪽이 아닙니다. B와 D의 말에서 A, B, C, D의 자리를 정할 수 있습니다. C는 E와 1살 차이이므로 엄마이고, E의 오른쪽에 앉은 B가 막내아들입니다. 따라서 D가 첫째 아들이 됩니다.

[답] D

VIII 도형

07 수직과 평행   p.60~p.61

예제   [답] ① 4   ② 5   ③ 6

예제   [답] ① 30°, 60°   ② 엇각, 동위각
               ③ 60°, 40°, 100°

유형 **07-1** 평행선과 각   p.62~p.63

1 [답]

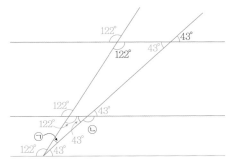

2 각 ㉡은 43°인 각과 더하여 180°가 되므로
180° − 43° =137° 입니다.

[답] 137°

3 122° +㉠+43° =180° 이므로
㉠=180° − (122° +43°)=15° 입니다.

[답] 15°

4 (각 ㉠)+(각 ㉡)=15° +137° =152°

[답] 152°

확인문제

1 각 ㉠과 120°의 합이 180°이므로 각 ㉠은
180° −120° =60° 입니다.

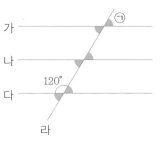

[답] 60°

2 직선 다, 라가 만나는 지나면서 직선 가, 나와 평행한
보조선을 그은 후, 48°, 52°인 각을 모두 표시하면
48° +㉠+52° =180° 입니다. 따라서 각 ㉠의 크기는
180° −(48° +52°)=80° 입니다.

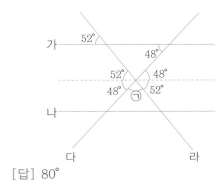

[답] 80°

유형 **07-2** 대각선과 각   p.64~p.65

1 평행선과 한 직선이 만날 때 엇각의 크기는 모두 같
습니다. 각 ㉠의 엇각을 찾은 다음, 그 각의 엇각까
지 모두 찾습니다.

[답]

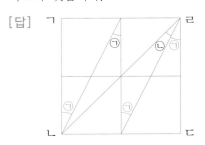

2 각 ㉠과 각 ㉡의 크기의 합은 정사각형을 반으로 나
눈 직각이등변삼각형 ㄹㄴㄷ의 한 각이므로
90° ÷2=45° 입니다.

[답] 45°

1 입사각과 반사각의 크기가 같으므로 각 ㄹㅇㅁ의 크기는 각 ㅁㅇㄱ의 크기와 같고, 평행선이 한 직선과 만날 때 엇각의 크기가 같으므로 각 ㅁㄱㅇ의 크기는 각 ㄱㅇㄴ의 크기와 같습니다. 따라서 표시된 두 각의 크기의 합은 90°입니다.

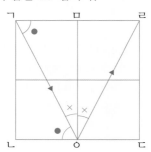

[답] 90°

2 변 ㄱㄴ과 변 ㄷㄹ은 서로 평행이므로
각 ㄱㄴㄹ과 각 ㄴㄹㄷ은 엇각으로 크기가 같습니다.
또, 삼각형 ㄱㄴㅁ과 삼각형 ㄴㄷㅁ은 정사각형을 모양과 크기가 같은 두 개의 삼각형으로 나눈 것이므로 각 ㄱㄴㅁ의 크기는 90°÷2=45°입니다.
따라서 각 ㉠의 크기는 72°−45°=27°입니다.

[답] 27°

         p.66~p.67

1 120°와 크기가 같은 각을 표시하면 다음 그림과 같습니다.

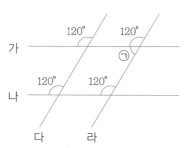

따라서 120°+㉠=180°이므로
㉠=180°−120°=60°입니다.

[답] 60°

2

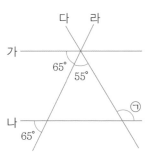

65°인 각의 동위각과 55°인 각을 합한 각은 각 ㉠의 엇각이므로 각 ㉠은 65°+55°=120°입니다.

[답] 120°

3 거울에 반사된 반사각과 입사각의 크기는 항상 같으므로 70°인 각의 꼭짓점을 지나면서 가로로 놓인 거울과 평행한 선을 그어 나누면 한 각의 크기는 35°가 됩니다. 또한 그 중 평행선 아래의 각은 각 ㉠과 엇각이므로 각 ㉠의 크기는 35°입니다.

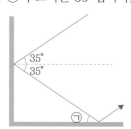

[답] 35°

4

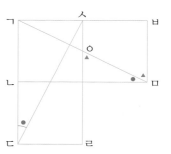

삼각형 ㄱㄷㅅ과 삼각형 ㄱㅁㄴ은 크기와 모양이 같은 삼각형이므로 각 ㄱㄷㅅ과 각 ㄴㅁㄱ의 크기가 같습니다. 또한, 각 ㅇㅁㅂ은 각 ㄹㅇㅁ과 엇각으로 같습니다. 따라서 표시된 두 각의 크기의 합은 90°입니다.

[답] 90°

08 테셀레이션 p.68~p.69

예제 [답] ① 6   ② 180°, 6, 180°, 6, 1080°
      ③ 1080°, 1080°, 8, 135°

예제 [답] ② 60°, 6   ③ 90°, 4   ④ 108°, 4
      ⑤ 120°, 3   ⑥ 135°

유형 08-1 각의 크기 p.70~p.71

1 오각형은 3개의 삼각형으로 나눌 수 있으므로 내각의 크기의 합은 180°×3=540° 입니다.

[답] 540°

2 오각형의 내각의 크기의 합은 540°이고, 정오각형은 내각의 크기가 모두 같으므로 한 각의 크기는 540°÷5=108° 입니다.

[답] 108°

3 육각형은 4개의 삼각형으로 나눌 수 있으므로 각의 크기의 합은 180°×4=720° 입니다.

[답] 720°

4 육각형의 내각의 크기의 합은 720°이고, 정육각형은 내각의 크기가 모두 같으므로 한 각의 크기는 720°÷6=120° 입니다.

[답] 120°

5 각 ㉠은 360°에서 정오각형과 정육각형의 한 각을 뺀 것과 같으므로 360°−108°−120°=132° 입니다.

[답] 132°

확인문제

1 십각형은 8개의 삼각형으로 나눌 수 있으므로 내각의 크기의 합은 180°×8=1440°이고 정십각형의 내각은 10개이므로 한 각의 크기는 1440°÷10=144° 입니다.

[답] 144°

2 육각형은 4개의 삼각형으로 나눌 수 있으므로 내각의 합은 180°×4=720°이고, 정육각형의 한 각의 크기는 720°÷6=120° 입니다. 또, 정사각형의 한 각의 크기는 90° 입니다.
따라서 각 ㉠의 크기는 360°−120°−90°=150° 입니다.

[답] 150°

유형 08-2 타일 붙이기 p.72~p.73

1 각 ㄹㄷㅇ과 각 ㄷㄹㅇ의 크기는 180°에서 95°를 뺀 85°로 같으므로 삼각형 ㄷㄹㅇ에서 각 ㄷㅇㄹ의 크기는 180°−85°−85°=10° 입니다.

[답] 10°

2 점 ㅇ에 모인 각이 이루는 각은 360°이므로 360°÷10=36(개)입니다.

[답] 36개

3 삼각형의 개수와 사다리꼴의 개수는 같으므로 동그란 모양을 만들 때 필요한 사다리꼴의 개수는 36개입니다.

[답] 36개

4 사다리꼴의 평행하지 않은 두 변을 길게 늘여서 삼각형을 만들면 그 각은 180°−80°−80°=20°이므로 사다리꼴은 360°÷20°=18(개)가 필요합니다.

[답] 18개

1 사다리꼴의 양쪽 변을 길게 늘리면 다음과 같은 삼각형을 만들 수 있습니다.

꼭지각

이때, 이등변삼각형의 꼭지각 9개가 모여 360°를 이루므로 한 꼭지각의 크기는 360°÷9=40°입니다. 삼각형의 꼭지각을 뺀 나머지 두 각의 크기가 ㉠으로 같으므로 각 ㉠의 크기는 (180°−40°)÷2=70° 입니다.

[답] 70°

2

 ①   ④

[답] ①, ④

창의사고력 다지기   p.74~p.75

1 표시된 각의 크기의 합은 삼각형과 사각형의 내각의 크기의 합과 같으므로 180°+360°=540°입니다.

[답] 540°

2 ①, ⑤ 곡선이 포함되어 있으므로 변끼리 이어 붙였을 때 빈틈이 생깁니다.
② 삼각형의 세 각의 크기의 합이 180°이므로 한 꼭짓점에 서로 다른 세 개의 각이 각각 2개씩 모이도록 그리면 테셀레이션이 가능합니다.
③ 사각형의 네 각의 크기의 합이 360°이므로 한 꼭짓점에 서로 다른 네 개의 각이 각각 1개씩 모이도록 그리면 테셀레이션이 가능합니다.
④ 정팔각형의 한 각의 크기가 135°이므로 2개를 붙이면 90°가 남고, 3개를 붙이면 겹쳐지게 되므로 테셀레이션이 불가능합니다.

[답] ②, ③

3 정오각형의 한 각의 크기는 108°, 정삼각형의 한 각의 크기는 60°, 정사각형의 한 각의 크기는 90° 이므로 각 ㉠의 크기는 360°−108°−60°−90°= 102°입니다.

[답] 102°

4 정오각형의 한 각의 크기는 오각형의 내각의 크기의 합 180°×3=540°를 5로 나눈 것과 같으므로 540°÷5=108°입니다. 따라서 각 ㅂㄱㅁ와 각 ㅂㅁㄱ의 크기는 180°−108=72°로 같으므로 각 ㄱㅂㅁ의 크기는 180°−72°−72°=36°입니다.

[답] 36°

09 접기와 각   p.76~p.77

[예제] [답] ② ㅁㄴ, ㅁㄷ   ③ ㅁㄷ, 정삼각형

[예제] [답] ①

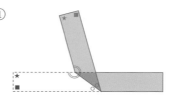

② ㅂㅁㅅ   ③ ㅂㅅ, 이등변삼각형

유형 09-1 각의 크기   p.78~p.79

1 오각형은 3개의 삼각형으로 나눌 수 있으므로 내각의 크기의 합은 180°×3=540°이고, 정오각형은 크기가 같은 5개의 내각이 있으므로 한 각의 크기는 540°÷5=108°입니다.

[답] 108°

2 정오각형의 한 각의 크기는 108°이고, 색칠한 삼각형에서 108°를 제외한 나머지 두 각의 크기는 같습니다.
따라서 각 ㉡의 크기는 (180°−108°)÷2=36°입니다.

[답] 36°

3 각 ㉠의 크기는 정오각형의 한 내각에서 각 ㉡의 크기 36°를 뺀 것과 같으므로
108°−36°=72° 입니다.

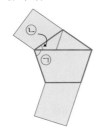

[답] 72°

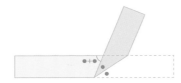

확인문제

1 삼각형 ㅁㄴㄷ이 정삼각형이므로 각 ㄴㄷㅁ의 크기는 60° 입니다.
각 ㅁㄷㅅ과 각 ㄹㄷㅅ의 크기가 서로 같으므로 한 각의 크기는 (90°−60°)÷2=15° 로 같습니다.
따라서 직각삼각형 ㄷㅅㄹ에서 각 ㄷㅅㄹ의 크기는 180°−90°−15°=75° 입니다.

[답] 75°

2

각 ㉠은 직사각형의 평행한 두 변이 한 선분과 만나서 생기는 엇각이므로 그 크기가 같습니다. 따라서 각 ㉠의 크기는 34°+34°=68° 입니다.

[답] 68°

유형 09-2 두 번 접어서 만든 각   p.80~p.81

1 각 ㄹㅁㅇ은 각 ㄹㅁㄴ을 접은 각이므로 두 각의 크기는 같습니다. 따라서 각 ㄹㅁㄴ의 크기는 60° 입니다.

[답] 60°

2 각 ㄹㅁㅇ, 각 ㄹㅁㄴ, 각 ㅇㅁㅂ의 크기의 합은 180° 이므로 각 ㅇㅁㅂ의 크기는
180°−(60°+60°)=60° 입니다.

[답] 60°

---

3 각 ㅅㅂㅇ은 각 ㅅㅂㄷ을 접은 각이므로 각 ㅅㅂㄷ의 크기는 50° 입니다.
각 ㅅㅂㅇ, 각 ㅅㅂㄷ, 각 ㅇㅂㅁ의 크기의 합은 180° 이므로 각 ㅇㅂㅁ의 크기는
180°−(50°+50°)=80° 입니다.

[답] 80°

4 삼각형 ㅇㅁㅂ에서 각 ㅁㅇㅂ을 제외한 두 각의 크기가 각각 60°와 80° 이므로 각 ㅁㅇㅂ의 크기는 180°−(60°+80°)=40° 입니다.

[답] 40°

확인문제

1 각 ㅂㄷㅁ과 각 ㄹㄷㅁ의 크기가 같으므로 (90°−40°)÷2=25° 입니다. 각 ㅁㅂㄷ은 각 ㅁㄹㄷ과 90°로 크기가 같으므로 각 ㅂㅁㄷ과 각 ㄹㅁㄷ의 크기는 180°−90°−25°=65° 입니다.
따라서 각 ㄱㅁㅂ의 크기는 180°−(65°+65°)=50° 입니다.

[답] 50°

2 각 ㅂㅇㅅ은 각 ㅅㅇㄷ을 접은 각이므로 각 ㅅㅇㄷ은 35° 입니다. 또한, 각 ㅁㅂㅇ은 각 ㅂㅇㄷ과 엇각이므로 35°+35°=70° 입니다. 따라서 각 ㅁㅂㅇ과 엇각인 각 ㉠은 70° 입니다.

[답] 70°

창의사고력 다지기   p.82~p.83

1

정육각형의 한 내각의 크기는 120° 이고, 접은 삼각형은 두 변의 길이가 같은 이등변삼각형이므로 각 ●의 크기는 (180°−120°)÷2=30° 입니다. 접은 각의 크기는 펼쳤을 때의 각의 크기와 같으므로 각 ㉠의 크기는 120°−(30°+30°)=60° 입니다.

[답] 60°

2 사각형 ㄱㅁㅂㅅ은 사각형 ㄷㅁㅂㄹ을 접은 도형으로 모양과 크기가 서로 같습니다.
따라서 각 ㅂㅁㄷ은 각 ㅂㅁㄱ과 크기가 같은 72°입니다. 각 ㄱㅁㄴ의 크기는 180° − (72° + 72°) = 36°입니다. 삼각형 ㄱㄴㅁ에서 각 ㄱㄴㅁ은 직각이므로 각 ㄴㄱㅁ의 크기는 180° − (36° + 90°) = 54°입니다.

[답] 54°

3

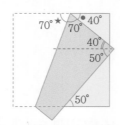

접은 부분을 펼쳤을 때, ★는 70°인 각과 겹쳐지므로 70°입니다.
★ + 70° + ● = 180°에서 70° + 70° + ● = 180°이므로 ● = 180° − 140° = 40°입니다.
그림과 같이 직사각형의 두 변과 평행하게 보조선을 그어 동위각과 엇각의 크기가 같음을 이용하면 각 ㉠의 크기는 50°입니다.

[답] 50°

4

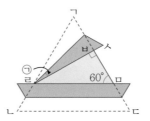

삼각형 ㄱㄹㅁ에서 각 ㄹㄱㅁ의 크기는 60°, 각 ㄱㅁㄹ의 크기는 60°이므로 남은 한 각 ㄱㄹㅁ의 크기도 60°입니다.
또, 직각삼각형 ㄹㅁㅂ에서 각 ㅂㄹㅁ의 크기는 180° − (90° + 60°) = 30°입니다. 따라서 접은 각의 크기는 펼쳤을 때의 각의 크기와 같으므로 색칠된 각의 크기는 (60° − 30°) ÷ 2 = 15°입니다.

[답] 15°

IX 경우의 수

10 한붓그리기 · p.86~p.87

[예제] [답] ① 4, 불가능 ② 2, 가능 ③ 2, 가능
④ 0, 가능

[유제] 홀수점이 0개이므로 한붓그리기가 가능합니다.
[답] 0개, 한붓그리기 가능

[예제] [답] ①
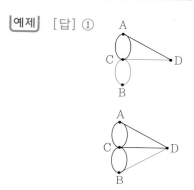
② 4, 불가능

유형 10-1 한붓그리기의 활용 · p.88~p.89

 홀수점이 0개 또는 2개일 때 한붓그리기가 가능합니다.
[답] 0개 또는 2개

[답] 4개, 4개, 4개

3 2개의 홀수점을 잇는 선분을 하나 그으면 2개의 홀수점이 사라지고, 2개의 홀수점만 남으므로 한붓그리기가 가능합니다.
선을 긋는 방법은 여러 가지가 있습니다.

[답]

확인문제

1 주어진 도형은 모두 홀수점이 4개인 도형입니다. 한붓그리기가 가능하려면 홀수점이 0개 또는 2개여야 하므로 홀수점과 홀수점을 잇는 선분을 하나 지웁니다.

이외에도 여러 가지 방법이 있습니다.
[답] 풀이 참조

2

홀수점이 6개이므로 한붓그리기가 불가능합니다.　홀수점이 4개이므로 한붓그리기가 불가능합니다.　홀수점이 0개이므로 한붓그리기가 가능합니다.

[답] 풀이 참조

유형 10-2 모든 문을 한 번씩 통과하기 · p.90~p.91

1 [답]
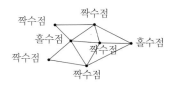

2
(도형)

홀수점이 2개일 때 한붓그리기가 가능하려면 홀수점에서 시작하여 다른 홀수점에서 끝나야 합니다. 따라서 홀수점인 해바라기실과 식물 전시관 중 어느 한 곳에서 출발하여 다른 한 곳으로 도착해야 합니다.

[답] 해바라기실, 식물 전시관 또는
식물 전시관, 해바라기실

3 [답]

새싹실	장미실	
입구 = 해바라기실	민들레실	식물전시관 = 출구
튤립실	코스모스실	

확인문제

1 [답]

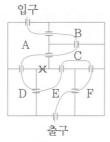

이외에도 여러 가지 방법이 있습니다.

2 입구에서 출발하여 출구를 빠져나간 평면도에서 한붓그리기가 가능하려면 모든 방에 짝수 개의 문이 있어야 합니다.
따라서 A와 E를 연결하는 문을 없애면 한붓그리기가 가능합니다.

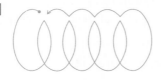

[답] A와 E를 연결하는 문

창의사고력 다지기   p.92~p.93

1 [답]

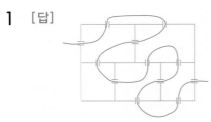

2 출발점과 도착점이 같으려면 홀수점이 0개여야 합니다. 마을은 점으로, 다리는 선으로 나타내어 보면 나 마을과 마 마을이 홀수점입니다.

따라서 나 마을과 마 마을을 잇는 다리를 하나 놓으면 조건에 맞게 모든 다리를 한 번씩 지나 원래의 위치로 되돌아 올 수 있습니다.
[답]

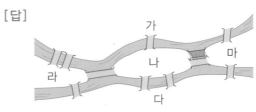

3 [답]

이외에도 여러 가지 방법이 있습니다.

4 ㄱ에서 ㅋ까지의 지점을 점으로, 길을 선으로 나타내어 보면 점 ㅅ과 ㅈ이 홀수점입니다.
따라서 점 ㅅ과 ㅈ에 들어가는 문과 나오는 문을 설치하여야 합니다.
[답] 점 ㅅ, ㅈ

Ⅱ   최단 경로의 가짓수   p.94~p.95

[예제] [답] ① 4, 3, 3, 12   ② 3, 3, 7

[유제] 2×3=6(가지)
[답] 6가지

[예제] ②

B	1	1
1	2	3
1	3	6 C

[답] ① 10   ② 6   ③ 10, 6, 60

원통에서의 최단 경로 p.96~p.97

1 [답] $\dfrac{1}{4}$

2 [답] 1

3 [답] (1)

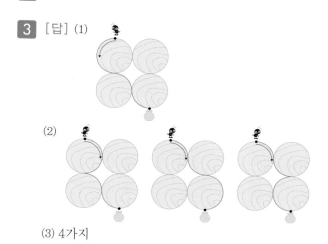

(2)

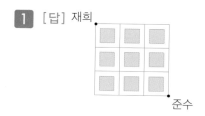
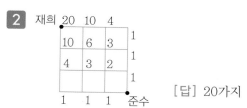

(3) 4가지

1 $3\times3=9$(가지)

[답] 9가지

2 A에서 B까지 최단 거리로 갈 수 있는 방법은 모두
4가지, B에서 C까지 최단 거리로 갈 수 있는 방법은
2가지이므로 A에서 C까지 갈 수 있는 방법은 모두
$4\times2=8$(가지)입니다.

[답] 8가지

교실에서의 최단 경로 p.98~p.99

1 [답] 재희

2

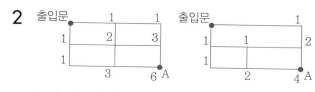

[답] 20가지

3

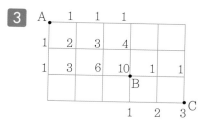

A → B로 가는 최단 경로는 10가지,
B → C로 가는 최단 경로는 3가지이므로
A → B → C로 가는 최단 경로는
$10\times3=30$(가지)입니다.

[답] 30가지

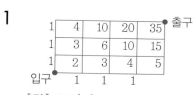 확인문제

1

[답] 35가지

2

[답] 가: 6가지, 나: 4가지

창의사고력 다지기 p.100~p.101

1 A에서 C까지 가는 방법은 A → B → C로 가는 방법
과 A → C로 직접 가는 방법이 있습니다.
A → B로 가는 길의 가짓수는 3가지,
B → C로 가는 길의 가짓수는 2가지이므로
A → B → C로 가는 길의 가짓수는 $3\times2=6$(가지)
입니다.
또, A → C로 직접 갈 수 있는 길은 2가지입니다.
따라서 A에서 C까지 가는 서로 다른 길은 모두
$6+2=8$(가지)입니다.

[답] 8가지

2

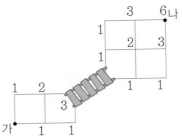

가 마을에서 다리까지 가는 최단 경로는 3가지,
다리에서 나 마을까지 가는 최단 경로는 6가지이므
로 가 마을에서 다리를 지나 나 마을까지 가는 최단
경로는 3×6=18(가지)입니다.

[답] 18가지

3 A에서 B까지 가는 가장 짧은 길은 정육각형 한 변의
길이의 9배입니다.

[답]

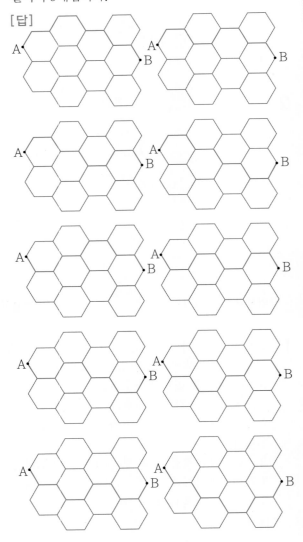

---

12 리그와 토너먼트   p.102~p.103

[예제] [답] ① 4, 4, 2, 10, 10 ② 한, 1, 4, 4

[유제] 리그 방식으로 했을 때의 경기 수:
6×5÷2=15(경기)
토너먼트 방식을 했을 때의 경기 수:
6-1=5(경기)
따라서 두 방식의 경기 수의 차는
15-5=10(경기)입니다.
[답] 10경기

[예제] [답] ① 4, 3, 6 ② 2, 12 ③ 5 ④ 3, 2, 1, 0

[유제] 총 경기 수는 5×4÷2=10(경기)이고, 네 팀 모
두 무승부가 없으므로 대한민국 또한 무승부가
없습니다.
따라서 (전체 경기 수)=(이긴 경기 수의 합)
=(진 경기 수의 합)이므로 대한민국의 전적은 4승
0패입니다.

	일본	미국	쿠바	중국	대한민국	계
승	0	3	1	2	4	10
패	4	1	3	2	0	10

[답] 4승 0패

유형 12-1 리그와 토너먼트   p.104~p.105

1 [답]

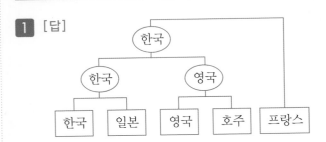

2 [답] **1** 참조 (여러 가지가 있습니다.)

3 [답] **1** 참조 (여러 가지가 있습니다.)

4 [답] 한국: 3번, 일본: 1번, 호주: 1번

확인문제

1 C 팀은 3번 경기를 하였으므로 C 팀의 위치는 ② 또는 ③입니다. C 팀은 결승전에 올라가고 E 팀에 이겼으므로 E 팀의 위치는 ①, ②, ③ 중 하나입니다.

[답] ①, ②, ③

2 12명은 각각 자신을 제외한 11명과 악수를 하고, 한 번 악수할 때 2명이 하게 되므로 악수는 모두 $12 \times 11 \div 2 = 66$(번) 하였습니다.

[답] 66번

유형 12-2 월드컵   p.106~p.107

1 한 조에 $32 \div 8 = 4$(개) 나라가 있고, 리그전으로 경기하므로 한 나라당 $4-1=3$(경기)씩 하게 됩니다.

[답] 3경기

2 한 조당 2개 나라가 본선에 올라가고 모두 8개 조이므로 본선에 오른 나라는 $2 \times 8 = 16$(개) 나라입니다.

[답] 16개 나라

3 토너먼트 경기 방식이므로 4경기를 해야 합니다.

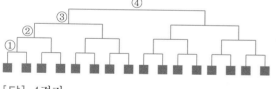

[답] 4경기

4 $3+4=7$(경기)

[답] 7경기

확인문제

1 예선전은 리그전이므로 한 조당 $10 \times 9 \div 2 = 45$(경기)가 이루어지고, 3개 조이므로 예선전에서는 총 $45 \times 3 = 135$(경기)가 열립니다.
3개 조에서 3명씩 본선에 진출하여 모두 $3 \times 3 = 9$(명)이 본선 토너먼트전을 치르게 되므로 $9-1=8$(경기)가 열립니다.
따라서 전체 경기 수는

$135+8=143$(경기)입니다.

[답] 143경기

2 A, B, C, D 네 명의 전체 경기 수는 $4 \times 3 \div 2 = 6$(경기)이고 무승부가 없으므로 승패를 모두 더하면 6승 6패가 되어야 합니다. 따라서 D는 2승 1패입니다.

[답] 2승 1패

창의사고력 다지기   p.108~p.109

1 각자 3번씩 시합을 하였고, 정수, 정욱, 영아의 승패를 더하면 3승 1무 5패입니다.
전체 승패를 더했을 때 승과 패의 수는 같아야 하고, 무승부의 수는 항상 짝수여야 하므로 소영이는 2승 1무 0패입니다.

[답] 2승 1무 0패

2 모든 아이들이 다른 한 사람과 둘이서 짝이 되므로 리그 방식에서의 경기 수와 같습니다.
따라서 $\square \times (\square - 1) \div 2 = 21$, $\square \times (\square - 1) = 42$, $\square = 7$ 이므로 미술반 아이들은 모두 7명입니다.

[답] 7명

3 이긴 팀을 화살표로 표시하여 그림으로 나타내면 다음과 같습니다.

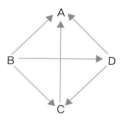

따라서 경기 결과는 C는 2승 1패, D는 1승 2패입니다.

[답] C: 2승 1패, D: 1승 2패

4 6개 팀에서 한 명씩 나온 대표 선수들이 한 악수의 횟수는 $6 \times 5 \div 2 = 15$(회)입니다. 남은 선수들은 각 팀당 2명으로 모두 $2 \times 6 = 12$(명)입니다. 12명이 서로 한 번씩 악수를 했다고 가정하면 악수는 $12 \times 11 \div 2 = 66$(회)이지만 같은 팀끼리는 악수를 하지 않았으므로 남은 선수들의 악수의 횟수는 $66-6=60$(회)입니다.
따라서 선수들이 나눈 악수는 $15+60=75$(회)입니다.

[답] 75회

X 규칙과 문제해결력

13 우기기
p.112~p.113

[예제] [답] ① 12, 3, 3

②

두발자전거(대)	0	1	2	3	4	5	6
세발자전거(대)	6	5	4	3	2	1	0
전체 바퀴 수(개)	18	17	16	15	14	13	12

3, 3

[예제] [답] ① 2, 20, 20, 6 ② 6, 6, 3 ③ 3, 7

[유제] 8마리 모두가 문어라고 우기면 다리는 모두 $8 \times 8 = 64$(개)여야 하는데, 다리가 68개이므로 4개 남습니다. 문어 한 마리가 오징어 한 마리로 바뀔 때마다 다리가 2개씩 늘어나므로 오징어는 $4 \div 2 = 2$(마리)입니다. 따라서 오징어는 2마리, 문어는 6마리입니다.

[답] 오징어: 2마리, 문어: 6마리

유형 13-1 여러 가지 방법으로 문제 해결하기
p.114~p.115

1 한 사람이 2그루씩 심었다고 하면 모두 20그루를 심은 것과 같습니다. 그런데 모두 24그루의 나무를 심었다고 했으므로 남은 4그루의 나무를 한 그루씩 더 그려 넣으면 4사람이 3그루의 나무를 심은 것이 됩니다.
따라서 학생 수는 $10 - 4 = 6$(명)입니다.

[답] 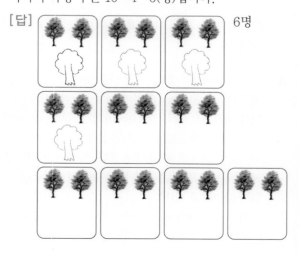 6명

2 선생님과 학생의 수가 10명이 되도록 한 후, 각 경우의 심은 나무 수를 구하여 24그루가 되는 경우를 찾습니다.

선생님 수(명)	1	2	3	4	5	...
학생 수(명)	9	8	7	6	5	...
심은 나무 수(그루)	21	22	23	24	25	...

[답] 6명

3 10명 모두 선생님이라고 우기면 심은 나무는 $10 \times 3 = 30$(그루)입니다. 그런데 실제 심은 나무는 24그루이므로 $30 - 24 = 6$(그루)가 모자랍니다. 선생님 한 명이 학생으로 바뀔 때마다 나무가 한 그루씩 줄어들고, 나무는 6그루가 모자라므로 학생은 6명이라는 것을 알 수 있습니다.

[답] 6명

확인문제

1

맞힌 문제 수 (점수)	10개 (50점)	9개 (45점)	8개 (40점)	7개 (35점)	...
틀린 문제 수 (점수)	0개 (0점)	1개 (−4점)	2개 (−8점)	3개 (−12점)	...
총 점수 (기본 점수)+(받은 점수)	100점 (50+50)	91점 (50+41)	82점 (50+32)	73점 (50+23)	...

따라서 승준이가 수학 경시대회에서 맞힌 문제는 8문제, 틀린 문제는 2문제입니다.

[답] 맞힌 문제: 8문제, 틀린 문제: 2문제

2 10일이 모두 맑은 날이라고 우기면 희영이가 밤을 딴 개수는 $25 \times 10 = 250$(개)입니다.
그러나 희영이가 실제로 모은 밤의 개수는 모두 214개이므로 $250 - 214 = 36$(개)가 남게 됩니다.
맑은 날이 비오는 날로 하루씩 바뀔 때마다 밤의 개수는 12개씩 줄어들므로 비오는 날은 $36 \div 12 = 3$(일), 맑은 날은 $10 - 3 = 7$(일)이 됨을 알 수 있습니다.

[답] 7일

유형 13-2 깨뜨린 거울의 개수 p.116~p.117

1 40×1000=40000(원)

[답] 40000원

2 40000-20000=20000(원)

[답] 20000원

3 1000+1500=2500(원)

[답] 2500원

4 20000÷2500=8(개)

[답] 8개

5 30×1000-17500=12500(원)
12500÷2500=5(개)

[답] 5개

확인문제

1 과녁에 모두 맞혔다고 우기면 20×15=300(점)이고, 기본 점수를 합하여 총 400점을 얻습니다. 그런데 실제 받은 점수는 260점이므로 5번 모두 맞혔을 때보다 400-260=140(점)이 적습니다.
다트를 한 번 던져서 맞히지 못한 때와 맞혔을 때의 점수의 차는 35점입니다. 다트를 과녁에 맞힌 경우가 맞히지 못한 경우로 바뀔 때마다 35점이 줄어들므로, 희수가 다트를 과녁에 맞히지 못한 횟수는 140÷35=4(번)입니다.
따라서 희수는 15-4=11(번)입니다.

[답] 11번

2 지은이가 접시 120장을 하나도 깨뜨리지 않고 닦았다고 우기면 500×120=60000(원)을 받습니다.
그런데 실제 받은 금액은 51500원이므로 60000-51500=8500(원)이 모자랍니다.
접시를 한 개 깨뜨릴 때마다 받아야 할 500원 대신 오히려 1200원을 물어내야 하므로, 접시를 한 개 깰 때마다 500+1200=1700(원)씩 줄어듭니다.
따라서 지은이가 깬 접시의 개수는 8500÷1700=5(개)입니다.

[답] 5개

창의사고력 다지기 p.118~p.119

1 머리 수가 12개이므로 거미와 개미는 모두 12마리입니다. 12마리가 모두 거미라고 우기면 다리 수는 12×8=96(개)입니다. 그러나 실제 다리는 82개이므로 96-82=14(개) 모자랍니다. 거미 한 마리가 개미 한 마리로 바뀔 때마다 다리가 2개씩 줄어들므로 개미는 14÷2=7(마리)입니다.
따라서 거미는 12-7=5(마리)입니다.

[답] 개미: 7마리, 거미: 5마리

2 관람객 20명을 모두 어른이라고 우기면 입장료는 1500×20=30000(원)입니다. 그러나 실제 20명이 24000원을 내고 입장하였으므로 30000-24000=6000(원)이 모자랍니다.
어린이의 입장료는 어른의 반값이므로 750원이고, 어른 한 명이 어린이 한 명으로 바뀔 때마다 입장료가 750원씩 줄어들므로 입장한 어린이는 모두 6000÷750=8(명)입니다.
따라서 입장한 어른은 모두 20-8=12(명)입니다.

[답] 12명

3 닭이 11마리라고 우기면 닭의 다리는 돼지의 다리보다 22개가 많습니다.
닭이 돼지보다 11마리가 많다고 했으므로, 닭이 12마리일 때 돼지는 1마리이고 닭의 다리는 돼지의 다리보다 20개가 많습니다. 이러한 과정을 표로 나타내면 다음과 같습니다.

닭의 수 (다리의 수)	11마리 (22개)	12마리 (24개)	13마리 (26개)	14마리 (28개)	15마리 (30개)	…
돼지의 수 (다리의 수)	0마리 (0개)	1마리 (4개)	2마리 (8개)	3마리 (12개)	4마리 (16개)	…
닭과 돼지의 다리 수의 차(개)	22	20	18	16	14	…

따라서 닭은 15마리, 돼지는 4마리입니다.

[답] 닭: 15마리, 돼지: 4마리

4 2명만 앉은 5인용 의자 1개를 제외하여 학생 수를 52명, 의자를 14개라고 생각해 봅니다.
의자 14개가 모두 5인용 의자라고 우기면 학생 수는 5×14=70(명)입니다. 그러나 실제 학생의 수는 52명이므로 70-52=18(명)이 모자랍니다. 5인용 의자 한 개가 3인용 의자 한 개로 바뀔 때마다 2명씩 줄어들므로 3인용 의자는 18÷2=9(개)입니다.

5인용 의자는 14−9=5(개)와 앞에서 제외한 2명만 앉은 5인용 의자 1개를 더한 6개입니다. 따라서 체육관에 있는 의자는 5인용 의자 6개, 3인용 의자 9개입니다.

[답] 5인용 의자: 6개, 3인용 의자: 9개

---

14 가로수와 통나무   p.120~p.121

[예제] [답] ① 2, 2 ② 3, 5, 2, 3, 4, 1, 3 ③ 2
④ 30, 13, 2, 34

[유제] 전체 꽃의 수는 마주 보는 두 꽃의 번호의 차의 2배입니다. 8째 번 꽃과 21째 번 꽃이 마주 보게 꾸며야 하므로 꽃을 모두 (21−8)×2=26(송이) 심어야 합니다.

[답] 26송이

[예제] [답] ① 1, 8, 8, 9, 9, 18 ② 1, 8, 8, 16

[유제] 3도막으로 자르려면 2번 잘라야 하고, 2번 자르는 데 10분이 걸렸으므로 1번 자르는 데는 5분이 걸립니다. 9도막으로 자르려면 8번 잘라야 하므로 걸리는 시간은 5×8=40(분)입니다.

[답] 40분

유형 14-1 간단히 하여 풀기   p.122~p.123

1 [답] 그림과 같이 묶으면 꼭짓점 부분에 심어진 꽃은 두 번씩 세게 되므로 3송이를 빼야 합니다.

2 2×3=6(송이), 3×3=9(송이), 4×3=12(송이)

[답]

6송이, 9송이, 12송이

3 (25−1)×3=72(송이)

[답] 72송이

---

4 72÷4=18(송이)

[답] 18송이

5 18+1=19(송이)

[답] 19송이

확인문제

1 정육각형 모양으로 늘어놓은 바둑돌은 (6−1)×6=30(개)입니다. 정삼각형의 한 변에 놓이는 바둑돌을 겹치지 않고 세기 위해서는 30÷3=10(개)씩 묶으면 됩니다. 따라서 정삼각형의 한 변에는 10+1=11(개)의 바둑돌이 놓이게 됩니다.

[답] 11개

2 테이프 12개를 겹치지 않게 이어 붙였을 때의 길이는 15×12=180(cm)입니다. 겹쳐진 부분의 길이는 1cm이므로 한 번 겹칠 때마다 전체의 길이는 1cm씩 줄어들게 됩니다. 겹친 부분은 11개이므로 전체 길이는 180−11=169(cm)입니다.

[답] 169cm

유형 14-2 통나무 자르기   p.124~p.125

1 500÷50=10(도막)

[답] 10도막

2

도막의 수	자른 횟수	쉬는 횟수
2도막	1	0
3도막	2	1
4도막	3	2
5도막	4	3

표를 보고 규칙을 찾으면
(자른 횟수)=(도막의 수)−1이고,
(쉬는 횟수)=(자른 횟수)−1입니다.
따라서 10도막으로 자르기 위해서는 10−1=9(번) 자르고, 9−1=8(번) 쉽니다.

[답] 9번 자르고, 8번 쉽니다.

3 한 번 자르는 데 4분씩 걸리므로 9번 자르는 데 걸리는 시간은 4×9=36(분)이고, 한 번에 2분씩 모두 8번 쉬므로 쉬는 시간은 2×8=16(분)입니다.

[답] 36분, 16분

4 36+16=52(분)

[답] 52분

5 통나무는 300÷50=6(도막) 생깁니다. 6도막으로 자르기 위해서는 6-1=5(번) 자르고, 5-1=4(번) 쉽니다. 한 번 자르는 데 4분씩 걸리므로 5번 자르는 데 걸리는 시간은 4×5=20(분)이고, 한 번에 2분씩 모두 4번 쉬므로 쉬는 시간은 2×4=8(분)입니다. 따라서 모두 20+8=28(분) 걸립니다.

[답] 28분

확인문제

1 15cm 김밥을 1cm 간격으로 자르므로 15조각이 생깁니다. 15조각으로 자르기 위해서는 15-1=14(번) 자르고, 14-1=13(번) 쉽니다. 한 번 자르는 데 2초씩 14번 자르므로 걸리는 시간은 2×14=28(초)이고, 한 번에 3초씩 모두 13번 쉬므로 쉬는 시간은 3×13=39(초)입니다. 따라서 김밥을 자르는 데 걸리는 시간은 28+39=67(초)입니다.

[답] 67초

2 1층에서 5층까지 올라가는 데 40초가 걸리므로 한 개 층을 올라가는 데 걸리는 시간은 40÷4=10(초)입니다. 1층부터 25층까지 올라가려면 24개 층을 올라가야 하므로 쉬지 않고 올라가는 데는 10×24=240(초) 걸립니다. 또, 24개 층을 올라갈 때 마지막 층에서는 쉬지 않으므로 24-1=23(번) 쉽니다. 따라서 쉬는 시간은 8×23=184(초)이므로 1층에서 25층까지 올라가는 데 걸린 시간은 240+184=424(초)로 7분 4초입니다.

[답] 7분 4초

창의사고력 다지기

p.126~p.127

1 전체 학생의 수는 마주 보는 두 학생의 번호의 차의 2배입니다. 9째 번 학생과 35째 번 학생이 마주 보고 있으므로 신영이네 반 학생은 모두 (35-9)×2=52(명)입니다.

[답] 52명

2 다리의 한쪽에 일정한 간격으로 가로등을 설치할 경우 (가로등의 개수)=(간격의 수)+1입니다. 300m 다리의 한쪽에 30m 간격으로 가로등을 설치하므로 간격의 수는 300÷30=10(개)이고, 설치하는 가로등의 수는 10+1=11(개)입니다. 따라서 다리의 양쪽에 설치하는 가로등은 22개입니다. 가로등 두 개 사이에는 15m 간격으로 1개의 비상 전화기를 설치할 수 있고, 다리 한쪽의 간격의 수는 10개이므로 다리의 한쪽에 설치하는 비상 전화기는 10개입니다. 따라서 다리의 양쪽에 설치하는 비상 전화기는 20개입니다.

[답] 가로등: 22개, 비상 전화기: 20개

3 색 테이프 15개를 겹치게 이어 붙이면 겹치는 부분은 14개이고, 그 길이는 14×2=28(cm)입니다. 색 테이프 15개를 2cm씩 겹쳐서 붙였을 때의 길이가 167cm이므로 겹치지 않게 이어 붙였을 때의 길이는 167+28=195(cm)입니다. 모두 15개의 색 테이프가 있으므로 색 테이프 한 개의 길이는 195÷15=13(cm)입니다.

[답] 13cm

4 150m 파이프를 5m의 간격으로 자르면 150÷5=30(도막)입니다. (자른 횟수)=(도막의 수)-1이고, (쉬는 횟수)=(자른 횟수)-1입니다. 따라서 30도막을 자르기 위해서는 30-1=29(번) 자르고, 29-1=28(번) 쉽니다. 파이프를 한 번 자르는 데 4분이 걸리므로 29번 자르는 데 걸리는 시간은 4×29=116(분)이고, 한 번에 1분씩 모두 28번 쉬므로 쉬는 시간은 1×28=28(분)입니다. 따라서 파이프를 자르는 데 걸리는 시간은 116+28=144(분)입니다.

[답] 144분

15 달력 p.128~p.129

[예제] [답] ① 30일 ③ 13

[유제]

금	토	일	월	화	수	목
1	②	3	4	5	6	7
8	9	10	11	12	13	14
15	⑯	17	18	19	20	21
22	23	24	25	26	27	28
29	㉚	31				

[답] 일요일

[예제] [답] ① 7, 366, 366, 52, 2 ② 수 ③ 토

유형 15-1 요일 없는 달력 p.130~p.131

1 [답]

화	수	목	금	토	일	월
1	2	3	4	5	6	7
8	9	10	11	12	13	14
15	16	17	18	19	20	21
22	23	24	25	26	27	28
29	30					

2 $4+11+18+25=58$

[답] 58

3 조건에 맞게 날짜와 요일을 써넣으면 둘째 수요일은 9일입니다.

[답] 9일

확인문제

1

수	목	금	토	일	월	화
1	2	3	4	5	6	7
8	9	10	11	⑫	13	14
15	16	17	18	19	20	21
22	23	24	25	26	27	28
29	30	31				

[답] 일요일

2

목	금	토	일	월	화	수
1	2	3	4	5	6	7
8	9	10	11	12	13	14
15	16	17	18	19	20	21
22	23	24	25	26	27	28
29	30					

달력에서 조건에 맞게 요일을 써넣으면 6월 1일은 목요일입니다. 7월 1일은 토요일, 8월 1일은 화요일이므로 8월 15일은 화요일입니다.

[답] 화요일

유형 15-2 해와 달이 바뀔 때의 요일 변화 p.132~p.133

1 1년은 365일이므로 $365 \div 7 = 52 \cdots 1$이 되어 1년이 지난 날의 요일은 1개 뒤의 요일이 됩니다. 따라서 2006년 2월 14일은 화요일입니다.

[답] 화요일

2 2008년은 윤년이므로 $366 \div 7 = 52 \cdots 2$에서 2009년 2월 14일은 2008년 2월 14일보다 2개 뒤의 요일입니다.

[답] 화, 수, 목, 토 ; 1, 1, 1, 2

3 2009년 2월 14일이 토요일이므로 2009년 3월 14일도 토요일입니다.

[답] 토요일

4 [답] 토, 토, 화, 목, 일 ; 0, 3, 2, 3

5 2009년 6월 14일이 일요일이므로 16일 후인 6월 30일은 $16 \div 7 = 2 \cdots 2$에서 2개 뒤의 요일인 화요일 입니다.

[답] 화요일

확인문제

1

5월 5일	6월 5일	7월 5일	8월 5일	9월 5일	10월 5일
목	일	화	금	월	수

3개 뒤　2개 뒤　3개 뒤　3개 뒤　2개 뒤

따라서 10월 3일은 월요일입니다.

[답] 월요일

2

2006년 2월 3일	2007년 2월 3일	2008년 2월 3일	2009년 2월 3일	2009년 3월 3일	2009년 4월 3일	2009년 5월 3일
금	토	일	화	화	금	일

1개 뒤　1개 뒤　2개 뒤　0개 뒤　3개 뒤　2개 뒤

따라서 2009년 5월 4일은 월요일입니다.

[답] 월요일

창의사고력 다지기　　　p.134~p.135

1 $100 \div 7 = 14 \cdots 2$이므로 100일 후는 2개 뒤의 요일 인 화요일입니다.

[답] 화요일

2 1월 1일이 월요일이므로 매월 1일의 요일은 다음과 같습니다.

2월 1일: 목요일,　3월 1일: 목요일,
4월 1일: 일요일,　5월 1일: 화요일,
6월 1일: 금요일,　7월 1일: 일요일,
8월 1일: 수요일,　9월 1일: 토요일,
10월 1일: 월요일,　11월 1일: 목요일,
12월 1일: 토요일

[답] 10월

3

2002년 5월 31일	2003년 5월 31일	2004년 5월 31일	2005년 5월 31일	2006년 5월 31일
금	토	월	화	수

2개 뒤

2007년 5월 31일	2008년 5월 31일	2009년 5월 31일	2010년 5월 31일
목	토	일	월

2개 뒤

2004년과 2008년은 윤년이므로 2월의 날수는 29 일입니다. 따라서 2004년(2008년) 5월 31일은 2003년(2007년) 5월 31에서 366일 후이므로 $366 \div 7 = 52 \cdots 2$에서 2개 뒤의 요일입니다.
2010년 5월 31일이 월요일이므로 2010년 6월 12일 은 토요일입니다.

[답] 토요일

4 1월 13일이 화요일일 때, 매월 13일의 요일은 다음 과 같습니다.

1월 13일	2월 13일	3월 13일	4월 13일	5월 13일	6월 13일
화	금	금	월	수	토

7월 13일	8월 13일	9월 13일	10월 13일	11월 13일	12월13일
월	목	일	화	금	일

따라서 같은 요일이 가장 많이 나오는 경우는 금요 일이고, 모두 3번 나옵니다.

[답] 3번

Memo

Memo

Memo

Memo